虚拟现实技术与应用探究

梁书鹏　著

云南美术出版社

图书在版编目（ＣＩＰ）数据

虚拟现实技术与应用探究 / 梁书鹏著. -- 昆明 : 云南美术出版社, 2023.12

ISBN 978-7-5489-5536-8

Ⅰ. ①虚… Ⅱ. ①梁… Ⅲ. ①虚拟现实—研究 Ⅳ. ①TP391.98

中国国家版本馆 CIP 数据核字 (2023) 第 249399 号

责任编辑：陈铭阳

装帧设计：泓山文化

责任校对：李林　张京宁

虚拟现实技术与应用探究

梁书鹏 著

出版发行　云南美术出版社

社　　址　昆明市环城西路 609 号

印　　刷　武汉鑫金星印务股份有限公司

开　　本　787mm×1092mm　1/16

印　　张　11.5

字　　数　249 千字

版　　次　2023 年 12 月第 1 版

印　　次　2024 年 01 月第 1 次印刷

书　　号　ISBN 978-7-5489-5536-8

定　　价　68.00 元

前　言

虚拟现实技术是创建和体验数字化环境的计算机仿真系统。它通过计算机生成的环境和真实环境的视、听、触等方面高度相似，用户可以使用设备与虚拟环境中的对象进行交互。虚拟现实技术是21世纪三大关键技术之一，具有多种感知能力、可视化、三维建模、交互性、沉浸性等特点，广泛应用于军事、航空、教育培训、工业制造、规划设计、交通仿真、医疗健康、游戏等领域。

近年来虚拟现实技术的应用领域不断扩大，应用方式愈加灵活，成了当下最热门的技术之一。随着其他相关技术产业的发展进步，虚拟现实技术的可行性和实用性大大提升，开发和应用环境愈加完善成熟。本书是虚拟现实方向的著作，主要研究虚拟现实技术与应用。本书从虚拟现实技术概述入手，针对虚拟现实系统的相关技术、虚拟现实技术的相关软件、全景技术进行了分析研究；另外对虚拟现实技术在艺术设计中的应用、在影视中的应用、在动漫游戏中的应用做了一定的介绍；还对虚拟现实技术在创新创业中的应用做了阐述。旨在摸索出一条适合虚拟现实技术与应用工作的科学道路，帮助其工作者在应用中少走弯路，运用科学方法，提高工作效率。

本书在撰写过程中，参阅了大量的书籍、文献资料和网络资源，在此向所有资源的作者表示感谢。受作者水平和时间所限，加之虚拟现实技术发展迅速，日新月异，书中难免存在局限和错误等不足之处，欢迎广大读者不吝指正及沟通交流，以促进我国虚拟现实技术不断发展和进步。

目录

第一章　虚拟现实技术概述

第一节　虚拟现实的基本概念与特征

一、虚拟现实的基本概念

虚拟现实（Virtual Reality，简称VR）又译作“灵境技术”，用以统一表述当时纷纷涌现的各种借助计算机技术及研制的传感装置所创建的一种崭新模拟环境。虚拟现实技术是多学科交叉的信息技术，涵盖计算机图形学、多媒体、人机交互、传感、网络、立体显示等领域。最初发展于军事航空领域，现在应用广泛，如工业制造、教育培训、文化娱乐等。虚拟现实改变了传统的人机交互，使之主动、多样、自然，成为研究热点。

（一）虚拟现实技术的定义

所谓虚拟现实，顾名思义，就是虚拟和现实相互结合，是一种可以创建和体验虚拟世界的计算机仿真系统，它以计算机技术为核心，结合相关科学技术，生成与一定范围真实环境在视、听、触感等方面高度近似的虚拟环境，用户借助必要的设备与虚拟环境中的对象进行交互作用、相互影响，从而产生身临其境的感受和体验。虚拟现实是人类在探索自然、认识自然过程中创造产生，并逐步形成的一种用于认识自然、模拟自然，进而更好地适应和利用自然的科学方法和技术。

虚拟现实是利用计算机和一系列传感设施来实现的，使人能有置身于真正现实世界中的感觉，是一个看似真实的模拟环境。通过传感设备，用户根据自身的感觉，使用人的自然技能考察和操作虚拟世界中的物体，获得相应看似真实的体验。具体含义为：①虚拟现实是一种基于计算机图形学的多视点、实时动态的三维环境，这个环境可以是现实世界的真实再现，也可以是超越现实的虚拟世界；②操作者可以通过人的视觉、听觉、触觉、嗅觉等多种感官，直接以人的自然技能和思维方式与所处的环境交互；③在操作过程中，人是以一种实时数据源的形式沉浸在虚拟环境中的行为主体，而不仅仅是窗口外部的观察者。由此可见，虚拟现实的出现为人们提供了一种全新的人机交互方式。

虚拟现实也可以理解为一种创造和体验虚拟世界的计算机系统，是一种逼真的模拟人在自然环境中视觉、听觉、运动等感知行为，并可以和这种虚拟环境之间自然交互的高级人机界面技术，是允许用户通过自己的手和头部的运动与环境中的物体进行交互作用的一种独特的人机界面。这种人机界面具有以下特点：①逼真的感觉，包括视觉、听觉、触觉、嗅觉等；②自然的交互，包括运动、姿势、语言、身体跟踪；③个人的视点，用户用自己的眼、耳、身体感觉信息；④迅速的响应，感觉的信息根据用户视点变化和用户输入及时更新。

虚拟现实的作用对象是“人”而非“物”。虚拟现实以人的直观感受体验为基本评判依据，是人类认识世界、改造世界的一种新的方式和手段。与其他直接作用于“物”的技术不同，虚拟现实本身并不是生产工具，它通过影响人的认知体验，间接作用于“物”，进而提升效率。

虚拟现实是对客观世界的易用、易知化改造，是互联网未来的入口与交互环境。一是抽象事物的具象化，包括一维、二维、多维向三维的转化，信息数据的可视化建模；二是观察视角的自主，能够突破空间物理尺寸局限开展增强式观察、全景式观察、自然运动观察，且观察视野不受屏幕物理尺寸局限；三是交互方式的自然化，传统键盘、鼠标的输入输出方式向手眼协调的自然人机交互方式转变。

（二）虚拟现实与增强现实、混合现实概念辨析

1. 虚拟现实

虚拟现实是利用计算机模拟产生一个三维空间的虚拟世界，提供使用者关于视觉、听觉、触觉等感官的模拟，让使用者如同身临其境一般。在这个虚拟空间内，使用者感知和交互的是虚拟世界里的东西。现今，在智能穿戴市场上，VR的代表产品有很多，例如：Facebook的Oculus Rift、索尼的PS VR、HTC的Vive和三星的Gear VR，以及谷歌公司的简约版VR设备Cardboard，它们都能带我们领略到VR技术的魅力。

2. 增强现实

增强现实（Augmented Reality，简称AR）是在虚拟现实的基础上发展起来的一种将真实世界信息和虚拟世界信息“无缝”集成的新技术，将计算机生成的虚拟信息叠加到现实中的真实场景，以对现实世界进行补充，使人们在视觉、听觉、触觉等方面增强对现实世界的体验。简单地说，VR是全虚拟世界，AR是半真实、半虚拟的世界。如今在AR领域最具代表性的产品无疑是微软的HoloLens，除此之外还有Meta2、Daqri等。由于AR比VR的技术难度更高，因此，AR的发展程度并没VR高。

3. 混合现实

混合现实（Mixed Reality，简称MR）是虚拟现实技术的进一步发展，该技术通过在现实场景呈现虚拟场景信息，在现实世界、虚拟世界和用户之间搭起一个交互反馈的信息回路，以增强用户体验的真实感。混合现实技术结合了虚拟现实技术与增强现实技术的优势，能够更好地将增强现实技术体现出来。

近年来，应用全息投影技术的混合现实，使我们可以实现不用戴眼镜或头盔就能看到真实的三维空间物体。全息的本意是在真实世界中呈现一个三维虚拟空间。全息投影技术也称虚拟成像技术，是利用光信号的干涉和衍射原理记录并再现物体真实的三维图像的技术。全息投影技术不仅可以产生立体的空中幻象，还可以使幻象与表演者产生互动，一起完成表演，产生令

人震撼的演出效果。

从狭义来说，虚拟现实特指 VR，是以想象为特征，创造与用户交互的虚拟世界场景。广义的虚拟现实包含 VR、AR、MR，是虚构世界与真实世界的辩证统一。AR 以虚实结合为特征，将虚拟物体信息和真实世界叠加，实现对现实的增强。MR 将虚拟世界和真实世界融合创造为一个全新的三维世界，其中物理实体和数字对象实时并存并且相互作用。AR 和 VR 区分并不难，难的是如何区分 AR 和 MR。从概念上来说，VR 是纯虚拟数字画面，而 AR 是虚拟数字画面加上裸眼现实，MR 是数字化现实加上虚拟数字画面。当然，很多时候，人们就把 AR 当作了 MR 的代名词，用 AR 代替了 MR。

二、虚拟现实的基本特征

虚拟现实有三个基本特征，即交互性、沉浸性和构想性（Interaction，Immersion，Imagination，简称“3I”）。由于虚拟现实技术的硬件、软件和应用领域不同，“3I”的侧重点也各有不同。

（一）交互性

交互性是指用户对模拟环境内物体的可操作程度和从环境得到反馈的自然程度（也包括实时性）。用户进入虚拟空间，通过相应的设备让用户跟环境产生相互作用，当用户进行某种操作时，周围的环境也会做出某种反应。人能够以很自然的方式跟虚拟世界中的对象进行交互操作或者自主交流，着重强调使用手势、体势等身体动作（主要是通过头盔、数据手套、数据衣等来采集信号）和自然语言等自然方式的交流。例如，用户可以用手去直接抓取模拟环境中虚拟的物体，这时手有握着东西的感觉，并可以感觉到物体的重量，视野中被抓的物体也能立刻随着手的移动而移动。

（二）沉浸性

沉浸性又称临场感，是指用户感到作为主角存在于模拟环境中的真实程度。用户能够沉浸到计算机系统所创建的虚拟环境中，由观察者变为参与者，成为虚拟现实系统的一部分。用户在其生理和心理的角度上，对虚拟环境难以分辨真假，能全身心地投入计算机创建的三维虚拟环境中。该环境中的一切看上去是真的，听上去是真的，动起来是真的，甚至闻起来、尝起来等一切感觉都是真的，如同在现实世界中的感觉一样。沉浸性取决于系统的多感知性。多感知性指除了一般计算机技术所具有的视觉感知之外，还有听觉感知、力感知、触觉感知、运动感知，甚至包括味觉感知和嗅觉感知等。理想的虚拟现实技术应该具有一切人所具有的感知功能。但由于相关技术，特别是传感技术的限制，虚拟现实技术所具有的感知功能仅限于视觉、听觉、力感、触觉、运动等几种。当用户感知到虚拟世界的各种感官刺激时，才能产生思维共鸣，造成心理沉浸，感觉如同进入真实世界。

（三）构想性

构想性也称想象性，是指用户在虚拟空间中，可以与周围物体进行互动，从而拓宽认知范围，创造客观世界不存在的场景或不可能发生的环境的能力程度。构想性也可以理解为使用者进入虚拟空间，根据自己的感觉与认知能力吸收知识、发散思维，得到感性和理性的认识，在虚拟世界中根据所获取的多种信息和自身在系统中的行为，通过联想、推理和逻辑判断等思维过程，对系统运动的未来进展进行想象，以获取更多的知识，认识复杂系统深层次的运动机理和规律性。构想性使虚拟现实技术成为一种用于认识事物、模拟自然，进而更好地适应和利用自然的科学方法和科学技术。

借助虚拟现实技术，参与者处于一个如同身临其境的、具有完善交互作用能力的、能帮助和启发构思的信息环境，使人不仅仅靠听读文字或数字材料获取信息，还能通过与所处环境的交互作用，利用人本身对接触事物的感知和认知能力，以全方位的方式获取各式各样表现形式的信息。因此，虚拟现实技术为众多应用问题提供了崭新的解决方案，有效地突破了时间、空间、成本、安全性等诸多条件的限制，人们可以去体验已经发生或尚未发生的事件，可以进入实际不可达或不存在的空间。

第二节　虚拟现实系统的组成与分类

一、虚拟现实系统的组成

（一）虚拟现实系统的功能模块

虚拟现实系统的目标是创造一个高度沉浸式和交互性强的虚拟环境，通过高性能计算机、先进传感器等硬件与软件实现。一个完整的虚拟现实系统包括虚拟世界数据库、高性能计算机生成虚拟环境、视觉系统（如头盔显示器）、听觉系统（如语音识别、声音合成与定位）、身体方位跟踪设备（如方位跟踪器、数据手套等）以及味觉、嗅觉、触觉、力反馈等功能系统。

简而言之，虚拟现实系统是由五个模块组成的：检测模块、反馈模块、传感器模块、控制模块和建模模块。它们分别负责检测用户的操作命令、提供实时反馈、处理用户命令并提供操作结果，对各种传感器进行控制和建立虚拟环境。

（二）虚拟现实系统的软硬件设备

典型的虚拟现实系统主要由软件系统（包括虚拟环境数据库、虚拟现实软件和实时操作系统、语音识别与三维声音处理系统）和虚拟现实输入设备、输出设备、图形处理器和跟踪定位器等硬件系统组成。

1. 虚拟现实硬件系统

虚拟现实输入设备包括：三维位置跟踪器、数据手套、数据衣、三维鼠标、跟踪定位器、三维探针及三维操作杆等。虚拟现实输出设备包括：立体显示设备、三维声音生成器、触觉和力反馈的装置等。

构造一个虚拟环境，在硬件方面需要有以下几类系统设备的支持：

（1）高性能计算机处理系统

高性能计算机是虚拟现实硬件系统的核心，它承担着虚拟现实中物体的模拟计算，虚拟环境的图像、声音等生成以及各种输入设备、跟踪设备的数据处理和控制。因此，对计算机的性能要求较高，如 CPU 的运算速度、I/O 带宽、图形处理能力等。目前中高端应用主要基于美国 SGI 公司的系列图形工作站，低端平台基于个人计算机或者智能移动设备上运行，高性能计算机需具有高处理速度、大存储量、强联网等特性。

（2）跟踪系统

用以跟踪用户的头部、手部的位置及方向，使计算机的图像能随用户头部和手的运动而发生变化。跟踪系统将获得的位置和方向信息送入应用软件中，以确定用户眼睛的位置及视线的方向，以便渲染下一帧图像，模拟用户在虚拟环境中的运动。

（3）交互系统

能使用户与虚拟空间中的对象进行交互，提供用户感知力与压力的反馈，包括数据手套、数据鞋、数据衣、味觉发生器等触觉识别设备等。

（4）音频系统

在虚拟现实中，复杂的虚拟环境除了有感觉之外，还有声音，它可以与视觉信息同时存在并进行交流。三维声音可以用不同的声音表现不同的位置，提供立体声源和判定空间位置，使用户有一种更加接近真实的虚拟体验。

（5）图像生成和显示系统

用于产生立体视觉图像效果，实时地显示虚拟环境中计算机渲染对象的输出装置。常用的显示设备有头盔显示器（HMD）、眼镜显示器、支架显示器（BOOM）、全景大屏幕显示器（CAVE）。

2. 虚拟现实软件系统

虚拟现实软件的主要功能包括构建虚拟环境数据库、生成并管理虚拟环境、进行复杂的逻辑控制、模拟实时相互作用、模拟用户智能行为、模拟复杂的时空关系，计算模拟用户听觉、视觉、触觉、味觉和嗅觉感觉的表达，进行实时数据采集、压缩、分析、解压缩，支持与虚拟环境的定位、操纵、导航和控制交互。

在虚拟现实场景开发中，首要任务就是三维模型的构建，包括地形、建筑物、街道、树木等静态模型以及运动的汽车、飞鸟、行人等三维模型。虚拟现实要求三维建模软件系统具备实时应用特性，并支持大多数的硬件平台。如美国 Presagis 公司的 Creator 就是符合这一要求的世界先进三维建模软件系统，它包括一套综合的强大的建模工具，具有精简的、直观的交互能力，运行在所见即所得、三维、实时的环境中。三维模型建立后，要应用 Vega Prime 视景仿真引擎进行特殊效果处理，以增强沉浸感。系统采用专用的传感器控制软件或自行开发的虚拟环境交互控制软件来接受各种高性能传感器的信息（如头盔、数据手套及数据服等的信息），并生成立体显示图形。除了以上软件以外，系统还需要动画软件、地理信息系统软件、图形图像处理软件、文本编辑软件以及数据库等软件的支持。

虚拟现实软件是被广泛应用于虚拟现实制作和虚拟现实系统开发的图形图像三维处理软件。虚拟现实软件的开发商一般都是先研发出一个核心引擎，然后在引擎的基础上，针对不同行业、不同需求，研发出一系列的子产品。所以，在各类虚拟现实软件的定位上更多的是一个产品体系。其软件种类一般包括：三维场景编辑器、粒子特效编辑器、物理引擎系统、三维互联网平台、立体投影软件融合系统和二次开发工具包等等。

二、虚拟现实系统的分类

虚拟现实系统根据交互性和沉浸感以及用户参与形式的不同一般分为桌面式、沉浸式、增强式和分布式四种类型。

（一）桌面式虚拟现实系统

桌面式虚拟现实系统（Desktop VR）是一种非完全沉浸式的虚拟现实系统，使用个人计算机或图形工作站，通过计算机屏幕和立体图形技术来生成三维立体空间的交互场景。用户可以通过各种输入设备，如键盘、鼠标和三维交互球等，操纵虚拟环境，实现与虚拟世界的交互。

桌面式虚拟现实系统是一种非完全投入式的虚拟现实系统，以计算机屏幕为窗口，通过使用中低端图形工作站和立体显示器，生成三维立体的虚拟场景。用户可以通过键盘、鼠标等输入设备与虚拟世界互动。这种系统基于普通PC平台，比较小型。参与者使用位置跟踪器、数据手套、力反馈器、三维鼠标或其他手控输入设备，可从视觉上感觉到真实世界，并通过某种显示装置，如图形工作站，可对虚拟世界进行观察。用户可对视点做六自由度平移及旋转，可在虚拟环境中漫游。桌面式虚拟现实系统主要用于CAD/CAM、民用设计等领域。

桌面式虚拟现实系统的特点是结构简单、价格低廉、经济实用、易于普及推广，但沉浸感不高。

（二）沉浸式虚拟现实系统

沉浸式虚拟现实系统（Immersive VR）是一种高级的、完全沉浸式的虚拟现实体验，使用头盔式显示器（HMD）、洞穴式立体显示装置（CAVE系统）等设备，配合头部跟踪器、手部跟踪器、眼睛视向跟踪器等追踪设备，提供一个新的虚拟感觉空间，实现完全投入和沉浸于其中的感觉。

沉浸式系统把用户的个人视点完全沉浸到虚拟世界中，又称投入式虚拟现实系统。在投入式系统中，以对使用者头部位置、方向做出反应的计算机生成的图像代替真实世界的景观。用户能在工作站上完成任何事，其明显长处是完全投入。当具备结合模拟软件的额外处理能力后，使用者就可交互地探索新景观，体验到实时的视觉回应。和桌面式虚拟现实系统相比，沉浸式虚拟现实系统硬件成本相对较高，封闭的虚拟空间能提供高沉浸感的用户体验，适用于模拟训练、教育培训与游戏娱乐等领域。

虚拟现实影院（VR Theater）就是一个完全沉浸式的投影式虚拟现实系统，用几米高的六个平面组成的立方体屏幕环绕在观众周围，设置在立方体外围的六个投影设备共同投射在立方体的投射式平面上。用户置身于立方体中可同时观看由五个或六个平面组成的图像，完全沉浸在图像组成的空间中。

（三）增强式虚拟现实系统

增强式虚拟现实系统（Augmented VR）即增强现实（AR），是一个较新的研究领域，是一种利用计算机对用户所看到的真实世界产生的附加信息进行景象增强或扩张的技术。增强现实系统是利用附加的图形或文字信息，对周围真实世界的场景动态地进行增强，把真实环境和虚拟环境组合在一起，使用户既可以看到真实世界，又可以看到叠加在真实世界的虚拟对象。

增强式虚拟现实系统是一种将虚拟信息与真实世界相结合的技术。它通过计算机图形处理，在现实世界的基础上加入虚拟信息，使用户在观察真实世界的同时也能看到虚拟信息。AR系统通常使用摄像机、显示器和计算机处理技术，将虚拟信息与真实世界相结合，达到“增强”真实世界的目的。增强现实技术通过计算摄像机图像的位置和角度并将虚拟内容添加到其上，在保持真实世界的同时显示出虚拟世界的信息。它通过头盔显示器和计算机图形相互重合，允许用户在真实世界中感知虚拟内容。增强现实技术包括多媒体、三维建模、场景融合等，提供了与人类感知不同的信息内容。

增强现实技术的三个关键技术点是：三维注册（跟踪注册技术）、虚拟现实融合显示、人机交互。过程是通过摄像头和传感器采集真实场景数据，分析重构后通过 AR 头盔或智能设备显示更新用户空间位置，实现虚拟场景与真实场景的融合。用户可通过交互配件实现人机交互。三维注册是增强现实的核心技术，以现实场景为基准，将虚拟信息与现实信息对齐。

例如，战斗机驾驶员使用的头盔显示器可让驾驶员同时看到外面世界及叠置的合成图形。额外的图形可在驾驶员对机外地形视图上叠加地形数据，或许是高亮度的目标、边界或战略陆标。增强现实系统的效果显然在很大程度上依赖对使用者及其视线方向的精确的三维跟踪。

（四）分布式虚拟现实系统

分布式虚拟现实系统（简称 DVR），又称为网络虚拟现实系统（简称 NVR），是虚拟现实技术和网络技术结合的产物。其目标是建立一个可供异地多用户同时参与的分布式虚拟环境（简称 DVE）。在这个环境中，位于不同物理环境位置的多个用户或多个虚拟环境通过网络相连接，或者多个用户同时进入一个虚拟现实环境，通过计算机与其他用户进行交互，进行观察和操作，并共享信息，以达到协同工作的目的。

分布式虚拟现实系统是基于沉浸式虚拟现实系统构建的，多台计算机和用户位于不同的地点，可以在共享的虚拟环境中实时交流，共同完成产品的设计、制造和销售模拟或演练复杂任务。它非常适合模拟昂贵、危险、不可重复的宏观或微观事件。

DVR 系统包含图形显示器、通信控制设备、处理系统和数据网络四部分。它具有共享虚拟工作空间、伪实体的真实感、实时交互、多用户通信、资源信息共享等特征，适用于远程教育、科学计算可视化、工程技术、建筑、电子商务、交互娱乐等领域。

第三节 虚拟现实产业分析

随着虚拟现实消费级智能穿戴产品的不断推出，虚拟现实真正成为电子信息领域最受关注的产业之一，因此，消费端智能穿戴产品的出现成为虚拟现实产业化起点。

一、虚拟现实产业链

虚拟现实产业链分为硬件设计、软件设计、内容设计和资源运营等几类。硬件部分包括处理器芯片、显示器件、光学器件等关键部件。软件包括操作系统、SDK、用户界面等工具。设备包括主机、显示终端、交互终端等，还有内容采集和编辑的设备。内容制作包括行业应用软件的开发和内容制作和分发。

虚拟现实产业链上游包括制造VR眼镜、VR头盔等必需的硬件材料。例如各类传感器、芯片、摄像头、定位器、密封件、显示屏等。产业链中游则包括VR眼镜、VR头盔等技术应用必需的终端设备和相关软件。产业链下游为VR应用，如游戏、视频等VR内容的服务。

虚拟现实的应用需求可分为企业级和消费级两种，即“2B”和“2C”。“2C”应用是最贴近市场的应用，也是最容易推动市场火爆发展的驱动力；而“2B”应用则需要靠企业、政府等多方面市场主体共同推动，但这部分应用也将推动VR与众多行业形成联动效应，为整个社会生产方式带来变革式的影响。

虚拟现实产业链包括内容制作和分发平台等多个细分领域，内容制作和分发平台在产业链中具有重要地位。与一次性收费的VR硬件相比，以VR内容服务为核心的盈利模式更有发展潜力。分发运营模式包括线上和线下两种，线上主要通过APP、游戏下载、视频点播和广告植入等方式获利；线下主要是体验店和游乐园等，这类VR体验活动的发展势头良好。

虚拟现实技术的进步和“虚拟现实+”的发展将产生大量虚拟现实应用，涵盖多个领域，如国防军事、智慧城市、教育培训、医疗健康等。这将为网络和移动终端带来新的发展机会，并推动许多行业实现升级换代。

由于5G通信时代有边缘计算、网络切片等技术，5G在高带宽、高传输率、低延时等方面技术性能的提高给虚拟现实的应用带来了解决方案。在5G时代，画面质量、图像处理、眼球捕捉、3D声场、人体工程等都会有重大突破，这将促使虚拟现实产业的发展进入快车道。

二、虚拟现实产业发展前景

（一）虚拟现实产业市场发展前景

AR开发平台持续发力，“VR+5G”形成典型案例。巨头公司、新企业相继推出新的AR开发平台，“VR+5G”在广电、医疗、安防等领域创新应用，典型案例不断涌现。

在平台方面，国内和国际努力仍在继续。苹果推出了AR kit3和新的Reality Kit及Reality Composer，为iOS开发AR应用程序。Mojo Vision完成了5800万美元的B轮融资，并继续构建隐形计算AR平台。Unity推出了新版本的AR Foundation，可以创建在Android和iOS平台上运行的AR软件。“Vision +AR”发布新版EasyAR引擎，包含AR云计算、表面追踪等功能。商汤科技推出SenseAR2.0平台，包括基于AR眼镜的SenseAR Glass眼镜平台和基于“云”的SenseAR Cloud云平台。

在应用方面，5G技术的发展推动了应用创新。在VR直播领域，央视利用“5G+VR”技术，对春晚进行实时直播。在VR远程手术领域，深圳市人民医院完成了“5G+VR/AR”远程肝胆手术，远在2000多公里外的北京专家对手术进行实时指导。在VR医疗培训领域，在南京举办心脏瓣膜修复手术“5G+VR”高清直播及国际医学观摩交流现场教学活动，开展异地临床操作技能培训。在VR安防领域，南昌市公安局联合中国移动、华为推出了国内首个“5G+VR”的真实场景智能安防应用。

（二）虚拟现实行业应用推进中的共性问题与建议

虚拟现实产业爆发的制约因素有：第一，技术成熟度，包括突破共性技术难题，如广视角、低眩晕、低延迟、真三维等；第二，明确演进路径，桌面还是移动，VR还是AR；第三，产业链的支撑，包括硬件配套、应用开发、内容制作；第四，消费者认可度，包括用户体验、使用习惯、价格因素等；第五，行业应用推广程度，即能否找到行业应用的突破口，形成可观的效益。

因此，为了推动中国虚拟现实产业的发展，建议以下行动：①强化顶层设计，面向行业需求规划应用路径，明确定义典型应用场景，明确应用需求。②加强重点攻关，尽快突破行业应用技术瓶颈，通过产、学、研协同，解决关键技术问题，并鼓励开发具有更好使用体验的创新型产品。③制定标准规范，开展行业应用联合测试验证，推动建立虚拟现实技术、产品和系统评价指标体系，以保障产品性能和质量。④推进试点示范，以点带面扩大行业应用范围和影响力，推广宣传典型案例，提高相关企业、产品和品牌影响力，并进一步促进市场化应用。

第四节 虚拟现实的交互方式及其设备

虚拟现实人机交互是虚拟环境操作的基础，是人与虚拟环境互相作用和互相影响的信息交换方式和设备。VR设备分为多种类型，如立体显示、运动控制、人机交互、位置跟踪和力反馈。逼真的虚拟场景显示、真实的力/触觉感知、交互行为信息交换和三维空间方位跟踪是VR系统中人机交互技术的重要内容。

一、场景显示方式及其设备

（一）头盔式显示

头盔显示器HMD（又称为数据头盔或数字头盔）是VR应用中的三维图形显示设备，可通过头戴实现效果观察。头盔显示器配合空间跟踪定位器可提供VR效果，允许观察者自由移动，如自由行走和旋转。头盔显示器的沉浸感比立体眼镜更佳。

头盔显示器是一种实现虚拟现实体验的有效工具，用于提供三维虚拟场景。头盔显示器使用非透视显示器与位置跟踪技术，使用户能够实时体验虚拟环境中的场景。然而，头盔显示也可能引发视疲劳、眩晕等问题，因此在使用过程中需要注意保护眼睛健康。

透视式头盔显示器是常用的增强现实人机交互设备，有视频透视式和光学透视式。视频透视式通过前部的双目摄像机获取环境信息，计算机实时在视频中叠加信息，用户通过前部的显示器感知增强现实场景。光学透视式通过前部的双目光学合成器获取环境信息，用户可以通过光学合成器看到周围环境和计算机叠加的信息。

1. Virtual Research Systems 公司的V8头盔

Virtual Research Systems公司是一家为专业仿真训练和虚拟现实应用市场提供显示器的行业领先供应商。公司已设计并生产出十几款高质量的显示器产品。Virtual Research Systems公司为客户提供一系列液晶头戴式显示器和定制化显示器解决方案。

Virtual Research Systems公司推出的V8产品为高性能头戴式显示器，成为业界的一个新标准。新的矩阵式液晶显示器具有VGA级别的分辨率，能够提供明亮生动的色彩和CRT级别的图像，支持1920×480（921 600像素）的分辨率。V8采用一个简单的后棘齿松紧机构和前弹簧预紧推拉机构，穿戴快速舒适，可用旋钮快速而精确地调节瞳距，前后推拉机构可调节。音频、视频和电源输入输出通过外部控制盒接入图形引擎、工作站或PC机。在控制盒的前方可调节亮度和对比度，控制盒上还有显示器端口可输出到外部显示器。

2. Facebook Oculus VR 公司的 Oculus Rift VR 头盔

Oculus Rift 是 Oculus VR 公司发布的全球首款专为视频游戏设计的头戴显示器。这款虚拟现实产品基于 PC 开发，同时支持 Xbox 手柄和 Oculus Touch 手柄支持动作控制，提供虚拟现实体验。戴上之后，几乎没有“屏幕”的概念，用户看到的是整个世界。这款设备很可能会改变未来人们的游戏方式。Oculus Rift 有两个目镜，眼睛合并后分辨率为 1280×800。用陀螺仪控制视角是这款游戏产品的一大特色，使游戏的沉浸感大幅提升。Oculus Rift 可以通过 DVI、HDMI、micro USB 接口连接电脑或游戏机。已有 VR 开发 Unity3D 引擎、Source 引擎和“虚幻 4”引擎提供官方 VR 内容开发支持。

3. Samsung Gear VR 眼镜

三星将这款产品命名为“创新者版”，软件和游戏部分很多都是技术演示，而不是消费类的产品。Gear VR 并未在眼镜中集成太多的硬件，而是需要跟 Galaxy S6 或 S6 Edge 配合使用，需要把三星手机组合进 Gear VR 中，才能享受后者带来的震撼视觉效果。

4. SONY Project Morpheus VR 头盔

索尼将自家虚拟现实头戴显示器 Project Morpheus 正式命名为“PlayStation VR”。索尼 PlayStation VR 分为头盔，处理器、摄像头、手柄等几个主要部件。在游戏过程中，它通过摄像头来捕捉用户头部和手柄的运动轨迹，从而完成人机交互。

5. HTC Vive VR 头盔

HTC Vive 是 HTC 与知名游戏开发商 Valve 合作开发的一款基于 PC 的虚拟现实头戴设备。通过以下三个部分，致力于为用户提供沉浸式体验：一个头戴式显示器，两个单手控制器，以及一个可以在空间中同时跟踪显示器和控制器的定位系统。控制器定位系统不需要摄像头，而是依靠激光和光敏传感器来确定移动物体的位置，这意味着 HTC Vive 允许用户在一定范围内走动。这是它和另外两个头盔显示器 OculusRift 和 PlayStation VR 最大的区别。

6. Microsoft HoloLens AR 头盔

Microsoft HoloLens 是微软发布的世界首个不受线缆限制的全息 AR 设备，可让用户与数字内容互动并与周围环境的全景影像互动。AR 是将电脑生成的内容与真实世界混合，用户可以通过眼镜观察到数字内容叠加在现实环境中，还可以通过手势和手指点击与虚拟 3D 对象交互。HoloLens 能够追踪用户的移动和视线，并生成相应的虚拟对象，通过光线投影给用户，实现与虚拟世界的交互。

7. Google Project Glass

谷歌眼镜（Google Project Glass）是由谷歌公司发布的一种“增强现实”眼镜。它具有与智能手机相同的功能，可以通过声音控制照片、视频通话和识别方向，还可以上网、处理短信和电子邮件。谷歌项目眼镜的主要结构包括一个悬挂在眼镜前面的摄像头和一个位于框架右侧的宽带计算机处理器设备。摄像头配备500万像素，可拍摄720p视频。

8. 深圳3Glasses VR头盔

3GlasseS是由深圳虚拟现实科技有限公司研发生产的沉浸式VR头盔，能为用户创造出沉浸的3D场景体验。3Glasses（深圳市虚拟现实科技有限公司）作为国内最早从事VR行业的公司之一，是全球第二家量产VR头盔和首款2K屏VR头盔的公司。在深化硬件性能的同时3Glasses着力挖掘针对设备所需的内容生产商，打造虚拟现实完整生态。

9. 暴风魔镜

暴风魔镜在使用时需要配合暴风影音开发的专属魔镜应用，在手机上实现IMAX效果，普通的电影即可实现影院观影效果。

（二）桌面式显示

桌面是很多用户习惯和需要的一种工作环境。桌面显示系统将虚拟环境的场景图像投射到水平放置的显示设备上，使用户可以在工作台的水平面上完成交互操作。桌面显示系统主要由工作台、投影仪和计算机组成。工作台包括反射镜和桌面显示屏。投影仪将计算机生成的场景图像投射到反射镜上，反射镜将场景图像反射到显示屏上。显示屏的场景图像不仅可以表现三维虚拟物体，还可以呈现可操作的系统工具和界面菜单。

在立体眼镜的帮助下，多个用户可以感知虚拟环境的立体三维场景，桌面显示系统的跟踪设备可以确定用户的视点位置和方向。从显示特点和应用效果来看，桌面显示系统更适合电子海图绘制和数字化设计、教师操作虚拟物体讲解和演示、网络环境下多用户协同工作，但桌面显示系统生成的三维虚拟场景没有沉浸感。

立体眼镜是对3D模拟场景的VR效果的观察设备。它利用液晶光阀实现左右眼图像高速切换的原理，分为有线和无线两种，可支持逐行和隔行立体显示观察。无线眼镜还可以用来观察多人组的VR立体影像效果。是目前最流行、最经济的VR观测设备。

（三）投影式显示

投影显示系统是虚拟现实显示与交互设备重要组成部分，是产生沉浸感的关键。根据用户的需求，沉浸式投影显示系统可以分为墙式投影显示拼接系统和洞穴状自动虚拟环境（简称CAVE）投影显示系统两种类型。

墙式投影拼接显示系统是一种易于推广的虚拟场景显示方法。一般由高性能3D图形工作站、大屏幕（分为平面、环形柱面和球面）、融合器和多台高分辨率立体投影仪组成，两台以上投影仪通过平面、环形或柱面、球面大屏幕呈现一个宽视场的立体虚拟场景。其中，融合器是墙壁投影拼接显示系统的关键部件，可以无缝拼接不同显示通道的图像信息。墙壁投影拼接显示系统提供了一个高级的多人沉浸的可视化仿真环境，适用于需要实时漫游的城市仿真项目。

CAVE投影显示系统是一个典型的多面投影虚拟场景显示系统，可以容纳多个用户同时体验逼真的三维虚拟场景。CAVE system将多个投影显示屏作为虚拟场景不同方向的显示“面”，用三个以上相互连接的显示“面”组成一个“洞穴”状的立方体，其边长一般在 3 米以上，显示“面”可以包括天花板、地板、多面墙。投影仪一般安装在“表面”之外，可以将计算机生成的虚拟场景投射到各种“表面”的屏幕上。洞穴投影显示系统可以为用户呈现左、右、上、下四个方向的三维虚拟场景，使用户获得真实的视觉感知，并“沉浸”在虚拟环境中，但该系统的应用和推广受到建设成本高、空间大等因素的限制。

（四）手持式显示

随着移动计算设备和无线网络技术的快速发展，PDA 和智能手机 SP 已经具备很高的信息计算、存储和传输能力，尤其是图形和视频处理能力，如嵌入式计算系统的 OpenGL ES、Direct3Dm 和 M3G，使移动计算设备能够表达虚拟环境的三维场景，支持基于 GPS 定位、语音识别和手写识别的多通道交互。基于移动计算的手持显示越来越强大，越来越受到重视，应用前景广阔。

基于移动计算的手持显示器也是增强现实系统的一种重要交互方式，尤其是在一些对沉浸感要求不高的应用系统中，手持显示器在便携性、移动性和安全性方面具有很大的优势。手持移动计算设备可以快速显示其中集成了 3D 图形模型和真实场景视频的增强现实场景。例如，用户手持移动设备获取球场的信息，并面对虚拟守门员，通过调整手持设备的方位来控制点球的方向，从而体验虚拟点球射门。

（五）自由立体显示

无论头盔显示、桌面显示还是投影显示，用户都需要借助必要的立体显示设备（如立体眼镜）来获得虚拟场景的立体感知。由于用户在佩戴这些立体显示设备时总是感觉不舒服，人们开始研究各种“自由”的立体显示方法和设备，使用户不需要佩戴任何器具就能直接感受到虚拟场景的立体效果。

二、力 / 触觉交互方式及其设备

（一）力反馈操纵杆

力反馈操纵杆是 VR 系统中的一种重要设备，该设备能使参与者实现虚拟环境中除视觉、听觉之外的第三感觉 —— 力 / 触觉，进一步增强虚拟环境的交互性，从而真正实现虚拟世界中的交互真实感。带力反馈的操纵杆可以根据用户的操作行为和虚拟环境的相关计算模型，通过操纵杆的机械部分产生反作用力效果，使用户在虚拟环境中体验人机交互的力感。不同的力反馈操纵杆具有不同的自由度和交互精度。

典型的力反馈操纵杆可以在一定的交互范围内提供三自由度位置感知和三自由度角度测量。操纵杆的自由度轴通过齿轮或钢丝连接到该装置的电机上，电机根据力反馈芯片处理后的交互信息产生机械运动，从而提供多自由度的力反馈，使用户在人机交互过程中产生力感。比如根据虚拟车辆的计算模型，力反馈操纵杆可以显示路面起伏引起的颠簸感，转动方向盘引起的反作用力等等。

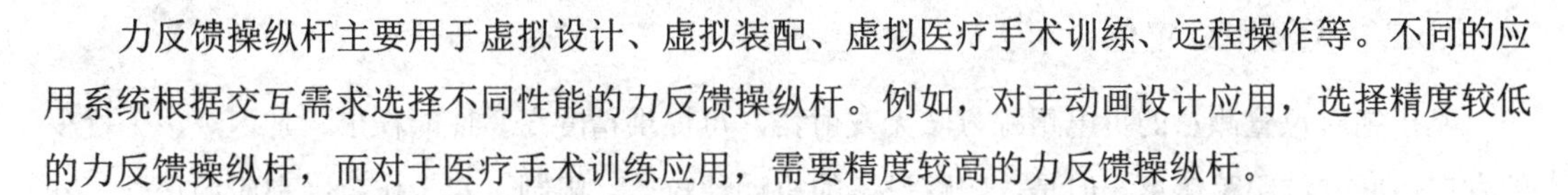

力反馈操纵杆主要用于虚拟设计、虚拟装配、虚拟医疗手术训练、远程操作等。不同的应用系统根据交互需求选择不同性能的力反馈操纵杆。例如，对于动画设计应用，选择精度较低的力反馈操纵杆，而对于医疗手术训练应用，需要精度较高的力反馈操纵杆。

（二）触觉数据手套

数据手套是虚拟现实应用的主要交互设备。作为虚拟手或控件，用于虚拟场景的仿真交互，可以抓取、移动、装配、操纵和控制虚拟物体，从而捕捉人手的运动并给出触觉／力反馈。它可分为有线和无线、左手和右手，可用于 3D-VR 或视景仿真软件环境，如 WTK 和 Vega。

数据手套一般采用有弹性的轻质材料，大多采用重量轻、易于安装的光纤作为传感器，在每个手指的每个关节处安装光纤环，测量手指关节的弯曲角度；位置传感器用于检测手的位置和方向、手指的闭合或张开状态、手指向上或向下弯曲的角度等。同时，该数据手套配备了由多个应变电阻对组成的传感器，通过检测应变电阻对的信号变化来获取手指在虚拟环境中的交互信息。

Pinch Glove 是 3D 交互仿真及虚拟现实应用中具有非凡性能的数据手套系统。用户可以对虚拟目标对象进行“抓”和“捏”等多种动作，通过设定程序，每个手指被定义有各种不同动作及相关功能。Pinch Glove 使用特殊布料编织而成。每个手指套里面都带有电子传感器，用以探测一个或多个手指的动作的传导路径。在一些仿真等具体应用项目中，可以结合一些程序指令，定义手指在更大空间的操作及交互功能；手形非标准要求的性能让使用者无需考虑手的大小等。尤其在沉浸式的虚拟现实应用中，Pinch Glove 为用户提供了简易可靠、高性能、低成本的解决方案。

三、跟踪定位方式及其设备

（一）有源跟踪定位

电磁跟踪定位仪是一种广泛使用的带发射源的方位跟踪设备。它利用三轴线圈产生低频磁场，通过被跟踪物体的三轴磁场接收器获得磁场的感应信息，根据磁场与感应信号的耦合关系确定被跟踪物体的三维空间方位。电磁跟踪器具有机动性好、精度高、价格低等优点，但延时长，易受金属或磁场干扰。

声波跟踪定位，利用声波的时间、相位和声压差来跟踪定位目标物体的空间方位。主要方法有脉冲波飞行时间测量和连续波相位相干测量，后者具有更高的精度和刷新率。声学跟踪定位方法具有机动性好、时延短、价格低等优点，但容易受到声学噪声的干扰。

光电跟踪定位模式有发射源，可以利用环境光或跟踪器光源发出的光在图像传感器上产生光投影信息，根据投影信息确定被跟踪物体的方位。比如可以在天花板上固定大量的红外光，利用头盔获得的图像信息确定头盔方位。光电跟踪定位法机动性好，精度高，刷新率高，但价格昂贵，易受光源干扰。

（二）无源跟踪定位

基于绝对位置测量的机电跟踪方法无发射器，可提供精度高、性能稳定、延迟短、干扰少的六自由度方位跟踪信息。但是，跟踪设备的机动性较差，限制了其工作范围和应用场合。VR系统的头盔显示器可以通过机电跟踪定位来确定用户头部的三维位置和姿态。

随着陀螺仪和加速度计的小型化，无辐射源的惯性跟踪定位方法已逐渐应用于VR系统的目标方位跟踪。利用陀螺仪的方向跟踪能力获得三个转动自由度的角度变化，利用加速度计获得三个移动自由度的位置变化。惯性跟踪定位法刷新率高，延迟小，但价格昂贵，易受时间和温度漂移的干扰。

四、行走交互方式及其设备

行走交互是指用户在交互设备上实际行走，交互设备将用户行走活动的信息传递给虚拟环境。行走交互涉及用户在虚拟环境中的行进、转弯、上下斜坡、跨越障碍物、改变姿态等交互行为。下面根据设备的特点，介绍踏板行走、地面行走和传动平台行走三种方式。

（一）踏板行走式交互

固定在地面上的自行车模拟器是典型的踏板行走交互，通过飞轮和辐条利用刹车摩擦力、惯性和黏性模拟踏板阻力，通过电机调节踏板状态模拟上下，通过自行车车把实现行走方向的改变，通过踏板和车把的位置传感器测量交互运动的幅度和方向。

自行车的踏板可以移植到可以上下踩踏的行走支架上。用户踩在带力传感器的踏板上，利用踏板的反向力在虚拟环境中向前行走，通过踏板支架的左右旋转改变在虚拟环境中的行走方向。这种支撑踏板行走交互设备适合体验地面的起伏和柔和变化，不适合更快的行走体验。

（二）地面行走式交互

地面行走的交互方式不需要踏板，通过传感器直接测量关键点的位置和方向，确定用户在地面行走的各种状态信息。在用户的鞋垫、膝盖、大腿、腰部等关键部位放置相关传感装置，利用鞋垫的受力传感器获取行走的足部信息；使用膝盖传感器获得对应点的高度、速度和方向；使用腰部跟踪器获得对应点的位置和方向；通过头盔显示器及其传感器获得头部和视点的方位。地面行走的交互方式具有自由行走的优势，但目前精度不高，延时较大。

（三）传动平台式行走交互

全方位传动平台的行走交互包括两个相互垂直的传动平台，由旋转的滚轮组成，每个平台的传动带约有3400个滚轮。滚轮使用伺服电机和可旋转的平台支架，通过滚轮的旋转来获得行走的步数和位置方向变化。用户的背带系统与安装在用户身体上方的位置跟踪器相连，可以获得用户行走时身体关键部位的位置和方向变化。同时，我们可以通过洞穴投影显示系统或头盔显示器为用户提供三维虚拟场景。全向传输平台的行走交互方式具有精度高、实时性好、交互方式自然等优点，但有噪音，不稳定。

五、其他虚拟现实系统的硬件设备

（一）Magellan Space Mouse 三维空间交互球

Logitech 公司的 Magellan Space Mouse 三维空间交互球是虚拟现实应用中的另一重要的交互设备，用于模拟六自由度 VR 场景的交互，可以从不同角度和方向观察、浏览和操纵 3D 物体。也可作为 3D 鼠标，配合数据手套或立体眼镜，作为追踪定位器，可在 CAD/CAM（如 Pro/E、UG）中独立使用。太空鼠标是一种可以控制物体在三维空间中六自由度运动的鼠标，里面有传感器实时跟踪每一个动作。同时，它包括九个可编程按钮。在虚拟现实的应用中常作为视点控制器辅助漫游，也可以点击按钮发射物体。

（二）三维立体扫描仪

三维立体扫描仪（又称三维模型数字化仪）是一种先进的三维建模设备，它利用 CCD 成像、激光扫描等手段对实物模型进行采样，同时通过配套的矢量化软件将三维模型数据数字化，从而实现计算机系统对数字模型的输入。该设备特别适用于建立一些不规则的三维物体模型，如人体器官和骨骼的模型，出土文物的三维数字模型等。在医疗、动植物研究、文物保护等 VR 应用领域具有广阔的应用前景。

（三）立体摄像机

立体摄像机是一种可以拍摄立体视频图像的 VR 设备。其拍摄的立体图像可以在具有立体显示功能的显示设备上播放，可以产生超立体效果的视频图像。观众戴上立体眼镜可以感受到虚拟世界带来的真实视觉震撼，屏幕上的物体和视频场景似乎触手可及，非常适合立体电影、城市风光展、新品展、旅游、广告等展示宣传行业。

（四）三维立体打印机

三维立体打印机，也称三维打印机（简称 3DP），是快速成型（RP）的一种工艺，三维模型是由层堆叠而成的。其操作过程与传统打印机类似，只不过传统打印机是将墨水打印在纸上形成二维平面图，而三维打印机是将液态光敏树脂材料、熔融塑料丝、石膏粉等材料通过喷胶或挤压的方式一层层叠加形成三维实体。

综上所述，虚拟现实是一种独特的人机界面，允许用户通过手和头的运动与环境中的物体进行交互。

第二章　虚拟现实系统的相关技术

第一节　立体显示技术

在虚拟现实技术中，立体显示是基本技术之一。通过制作出两个不同的图像来保存深度立体信息，利用立体眼镜让左右眼各看一张图像从而恢复出三维信息。

一、彩色眼镜法

要实现美国科学家伊凡·苏泽兰在《终极显示》中所设想的真实感，首先必须实现立体的显示，给人以高度的视觉沉浸感，现在已有多种方法与手段来实现。

戴红绿滤镜眼镜看立体电影是最简单的一种。这种方法叫作有色眼镜法。其原理是在拍摄时，通过模拟人眼睛的位置，从左右两个视角拍摄两幅图像，然后通过滤镜（通常是红色和绿色滤镜）投影重叠打印在同一张图片上，制成一部影片。放映时，观众需要戴一副眼镜，一副红色，一副绿色。利用红色或绿色滤光片可以阻挡其他颜色的光，只让相同颜色的光通过的特性，通过红色镜片，人们只能看到不同光波长的红色图像，通过绿色镜片，人们只能看到绿色图像，从而实现立体电影效果。如果不戴红绿滤镜眼镜，立体电影会出现红绿图像低叠加的重影。

彩色眼镜法所使用的技术，称为分色技术。分色技术的基本原理是让某些颜色的光只进入左眼，另一部分只进入右眼。人眼中的感光细胞共有 4 种，其中数量最多的是感觉亮度的细胞，另外 3 种用于感知颜色，分别可以感知红、绿、蓝 3 种波长的光，感知其他颜色是根据这 3 种颜色推理出来的，因此红、绿、蓝被称为光的三原色。要注意这和美术上讲的红、黄、蓝三原色是不同的，后者是颜料的调和，而前者是光的调和。

显示器就是通过这三原色的组合来显示上亿种颜色的，计算机内的图像资料也大多是用三原色的方式储存的。分色技术在过滤时要把左眼画面中的蓝色、绿色去除，右眼画面中的红色去除，再将处理过的这两套画面叠合起来，但两套画面并不完全重叠，左眼画面要稍微偏左边一些，这样就完成了第一次过滤。第二次过滤是通过观众戴上的专用滤色眼镜，眼镜的左边镜片为红色，右边镜片为蓝色或绿色，由于右眼画面同时保留了蓝色和绿色的信息，因此右边的镜片不管是蓝色还是绿色结果都是一样的。

彩色眼镜法实现成本低，在早期较为常见。但是，滤光镜限制了色度，只能让观众欣赏到黑白效果的立体电影，而且观众两眼的色觉不平衡，很容易产生疲劳。

二、偏振光眼镜法

偏振眼镜法是紧随有色眼镜法之后发展起来的，目前广泛使用。光波在通过介质后会产生偏振，偏振光片是通过晶体物质添加到透明塑料薄膜，拉伸后形成的狭缝使只有振动方向与狭缝方向相同的光线成为偏振光。

偏光眼镜法包括光栅技术原理，主要是将屏幕在垂直方向上划分成条，条交替显示左眼和右眼的画面，如 1、3、5…为左眼，2、4、6…为右眼。然后在屏幕和观众之间设置一层“视差屏障”，也是由垂直方向的横条组成。对于液晶等背光结构的显示器，也可以在背光板和液晶板之间设置视差栅栏。

电影放映时，通过双投影机投射两个画面到金属屏幕上，再通过偏振镜和偏振眼镜将重影分离，观众就可以感知到立体图像。

三、串行式立体显示法

显示立体图像的方法主要有两种：一种是同时显示技术，即将左右眼对应的两幅图像同时显示在屏幕上；另一种是分时显示技术，即以一定的频率交替显示两幅图像。

彩色眼镜方法和偏振眼镜方法使用同时显示技术。比如彩色眼镜法，用不同波长的光显示两幅图像，用户的立体眼镜配有不同波长的滤光片，这样双眼只能看到对应的图像。该技术在 50 年代广泛应用于立体电影放映系统，但在现代计算机图形学和可视化领域，主要采用光栅显示，其显示方式与显示内容无关，很难根据图像内容确定显示波长，因此该技术不适合绘制计算机图形学的立体图像。

串行立体显示设备主要分为机械式和光电式。最初的立体显示是用机械方法实现的，但因为实现“开关效应”很困难，不太现实。后来，光电式的立体显示设备诞生了。它利用液晶的光电特性，把液晶元件作为显示的“快门”，已经成为立体显示的主流技术。

四、裸眼立体显示实现技术

北京超多维科技有限公司成功研制了 SuperD HDB 系列，SuperD HDL 系列立体显示器。SuperD 系列立体显示器采用具有自主知识产权国际领先的透镜阵列技术，具有高清晰、高亮度、大视角等优异的特质。

当然，这些产品也存在一定的缺点，典型的就是对观察者的视点有一定的要求，观察者不能从任意视角去观察。这将在以后的发展中得到解决。

五、全息显示技术

（一）全息显示技术的概念

全息显示技术是指利用特殊的技术手段记录并再现物体真实的全部三维图像信息的技术。传统的手机是二维显示。全息通过透视、阴影等效果实现立体感，个人全息可以让肉眼从任何角度观看影像的不同侧面。全息与 3D 电影都是三维显示，不同的是全息是空中显示，可以通过肉眼看到逼真的三维影像，不像3D电影需要借助专用眼镜。全息是动态的真三维，它也不同于裸眼3D显示技术，裸眼3D显示在手机上还是难免存在因重影、视角窄导致的眩晕感。从显示技术角度上说，裸眼3D其实还是2D显示。

全息显示技术是通过干涉和衍射原理记录和重现物体三维图像的技术。拍摄时，通过激光照射物体形成漫射光，与参考光在全息底片上干涉，将光的相位和振幅转化为强度变化，从而在全息图中记录下所有光波信息。再现时，利用衍射原理重现光波信息。具体成像过程如下：一个全息图就像一个复杂的光栅。在相干激光的照射下，线性记录的正弦全息图的衍射光波一般能给出两个像，即原像（也称初始像）和共轭像。重建的图像立体感强，具有真实的视觉效果。全息图的每一部分都记录了物体上每一点的光线信息，所以原则上它的每一部分都可以再现原物体的整个图像。通过多次曝光，可以在同一张底片上记录多个不同的图像，它们可以分开显示，互不干扰。

（二）全息投影技术的实现方式

很多国家都在研制全息技术，目前全息技术主要采用全息投影的方式来实现，全息投影一共分为以下三种。

1. 空气投影和交互技术

这项技术源于海市蜃楼的原理，将影像投射在水蒸气液化形成的水滴上。由于分子振动不均匀，可以形成层次感强、立体感强的图像。

2. 激光束投射实体的3D影像

这种技术的原理是，当氮气和氧气分散在空气中时，混合气体变成热浆，在空气中形成短暂的3D图像。这种方法主要是通过空中连续小规模爆破来实现的。

3. 360度全息显示屏

这种技术通过将图像投影在一种高速旋转的镜子上从而实现三维图像。

（三）全息显示技术在VR中的应用

在VR系统中采用全息显示技术作为视觉的三维显示终端，也可达终极显示效果。它的优势是：全息显示技术不需要用户佩戴头盔设备。用户能直接欣赏体验到异彩纷呈的3D物体或效果，并不需要像现在一样戴上重重的头盔，也利于用户彼此及时互动交流。全息显示技术让用户用裸眼就能看到虚拟画面，而在欣赏虚拟影像的同时，还不影响对现实的感知，直观性就得到了充分的体现。同时，由于全息显示技术采用光的技术和原理，那么对虚拟场景生成设备的依赖并不高。

在舞台上，全息技术不仅能产生三维空中错觉，还能使错觉与表演者互动，共同完成表演，产生震撼的表演效果。在时装T台秀中，全息投影画面随着模特的步伐将观众带到了另一个世界，让观众体验到了虚拟与现实的双重世界。目前很多场馆的立体展示场景都是通过全息显示实现的，观众不用戴眼镜就能看到逼真的立体效果。

第二节 环境建模与真实感实时绘制技术

一、环境建模技术

虚拟现实系统的核心在于创建虚拟环境。首先需要建模，然后实时绘制三维显示，以形成虚拟世界。目的是获得实际三维环境的数据，并根据需求建立相应的虚拟环境模型。只有通过真实有效的模型反映研究对象，虚拟现实系统才具有可信性。

在虚拟现实系统中，环境建模应包括基于视觉、听觉、触觉、力和味觉等各种感官通道的建模。基于目前的技术水平，三维视觉建模和三维听觉建模是常见的。在目前的应用中，环境建模一般是基于三维可视化建模，这方面的理论也比较成熟。三维可视化建模可以细分为几何建模、物理建模、行为建模等。几何建模主要处理物体的几何形状，物理建模处理物体的物理属性，行为建模则反映物体的物理本质和内部工作机制。它们共同构成了一个完整的三维可视化模型，能够更准确地反映真实物体的形状、性质和运动规律。

（一）几何建模技术

几何模型一般可以分为两种：表面模型和体积模型。表面模型和体积模型的选择取决于研究的需要，表面模型更适合用于处理物体的外观和形状信息，而体积模型则更适合用于处理物体的内部结构和密度分布信息。体积模型还可以用于研究物体的物理性质，例如力学、热力学、流体动力学等。表面模型相对简单，建模绘图技术相对成熟，处理方便，但难以进行整体形式的体操作（如拉伸和压缩），多用于对刚性物体进行几何建模。体积模型具有物体的内部信息，能够很好地表达体积特征（变形、分裂等），但计算的时间和空间复杂度也相应增加，一般用于软件对象的几何建模。几何建模通常采用以下两种方法。

1. 人工的几何建模方法

⑴用相关编程语言建模，如 OpenGL、Java3D、VRMI、X3D 等。这种方法主要是根据虚拟现实技术的特点编写的，编程简单，效率高。

⑵使用常用的建模软件，如 AutoCAD、3ds Max、Maya、SoftImage、CINEMA 4D 等。用户可以交互式地创建物体的几何图形。这类软件的一个问题是，它们并不是完全为虚拟现实技术设计的，从 AutoCAD 或其他工具生成的文件中提取三维几何图形并不难。但问题是，并不是所有的数据都能以虚拟现实要求的形式提供，在实际使用中必须通过相关程序导入或者手动导入。

⑶自制工具软件。对于不同的需求，还有不同的建模工具，如三维建模软件、三维扫描仪等，使用者可以根据自己的需求和经验选择适合自己的工具。技术的不断提高和发展，也在不断改善建模工具，提高效率，简化流程，减少错误。

2. 自动的几何建模方法

自动建模的方法有很多种，最典型的是使用 3D 扫描仪对实际物体进行三维建模。它可以快速方便地将现实世界的三维彩色物体信息转换成计算机可以直接处理的数字信号，无需复杂耗时的建模工作。

在虚拟现实的应用中，图像捕捉技术可以快速生成高精度的三维模型。它在虚拟现实、游戏开发、建筑可视化等方面具有广泛的应用。图像捕捉技术能够减少建模人员手工建模的时间和劳动强度，提高模型建立的效率和质量。但是，图像捕捉技术仍需要熟练的技术人员来完成复杂的图像处理工作。比如 MetaCreations 公司的 Canoma 是较早的软件，适合制作直线组成的建筑；REALVIZ 的 ImageModeler 是第二代产品，可以制作复杂的曲面物体。Discreet 引入的等离子体，以及 RealityCapture 和 ContextCapture 等软件。这些软件的特点是可以根据拍摄的一张或几张图片快速建模，有的甚至可以对视频进行处理后直接建模。

与大型 3D 扫描仪相比，这类软件具有使用简单、节省人力、成本低、速度快的优势，但这类软件的实际建模效果一般，常用于大场景中对建筑物的建模。

（二）物理建模技术

物理建模是使虚拟环境更加真实的一个关键步骤，使虚拟物体的物理特性（如重力、惯性、表面硬度、柔软度、变形方式等）更加逼真。它涉及物理学和计算机图形学的技术，可以涵盖重量造型、表面变形、硬度等物理性能。

1. 分形技术

分形技术是指描述具有自相似特征的数据集。自相似的典型例子是树：如果不考虑树叶的区别，当我们靠近树梢时，树梢看起来就像一棵大树。从一定距离看，由一组相关树梢组成的树枝就像一棵大树。这种结构自相似性被称为统计自相似性。

分形技术的优点是可以用简单的操作完成复杂不规则物体的建模，缺点是计算量过大，不利于实时性。所以在虚拟现实中，分形技术一般只用于静态前景的建模。

2. 粒子系统

粒子系统是在虚拟现实中模拟动态和移动物体的常用技术。它由大量粒子组成，每个粒子有自己的位置、速度、颜色、生命周期等属性。通过动态计算和随机过程，粒子系统可以模拟火焰、水流、雨雪、旋风、喷泉等复杂的运动。粒子系统的图形效果要求高，需要有效的反走样以及大量的绘图时间。

（三）行为建模技术

行为建模技术是研究在虚拟环境中模拟物体运动和行为的技术。它不仅描述物体的外观、质感等特征，还模拟物体的物理性质和行为反应，并遵循客观规律。与传统计算机动画不同，在虚拟环境中，用户可以与虚拟环境交互，而物体的运动只能在一定条件下被指定，不能完全

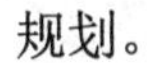

规划。

在虚拟环境的行为建模中，建模方法主要包括基于数值插值的运动学方法和基于物理学的动力学仿真方法。

1. 运动学方法

运动学方法是一种通过几何变换来描述运动的方法，比如说物体的平移和旋转。在运动控制中，不需要了解物体的物理属性。关键帧动画中，则是通过显示指定的几何变换来实现运动。首先需要设置几个关键帧来区分关键动作，其他的动作可以根据每个关键帧之间的插值完成。

关键帧动画的概念来源于传统的漫画制作。在动画制作中，动画师设计动画片中的关键画面，也就是关键帧。然后，助理动画师设计中间帧。在三维计算机动画中，计算机使用插值方法来设计中间帧。另一种动画设计方法是样条驱动动画，即用户给定的轨迹样条。

由于运动学方法生成的运动是基于几何变换的，因此对复杂场景的建模会更加困难。

2. 动力学仿真

运动学方法是通过物理定律，而不是几何变换来描述对象的行为。运动学模拟通过物体的质量、惯性、力和力矩，以及其他物理效应来计算运动。这种方法更加准确地描述物体的运动，并且运动更加自然。

动力学方法是通过物理定律描述物体的运动，考虑到物体的质量、惯性、力和力矩等因素。与运动学方法相比，动力学方法可以生成更复杂、更真实的运动，但需要更多的计算，且难以控制。一个重要的问题是如何控制运动。常见的解决方案有预处理法和约束方程法。

运动学动画与动力学仿真都是模拟物体运动行为的方法，但它们有各自的优势和局限性。运动学动画技术可以高效地模拟运动，但其应用范围相对有限；动力学仿真则可以更准确地描述物体之间的相互作用，适用于物理交互复杂的场景，应用范围更广泛。

（四）听觉建模技术

1. 声音的空间分布

为了让声音在空间上分布正常，需要考虑声音复杂频谱的传输。传输声音时，需要考虑空间滤波器的传递函数，即声波从声源到耳膜时的变换。人有两只耳朵，每只耳朵都有一个滤波器，用于从声源到达耳膜时的转换。虚拟环境的大多数工作集中在消音空间，声源到耳朵的距离对应的时间延迟，可以根据与听者身体、头部和耳朵相关的反射、折射和吸收来确定滤波器。

因此，传递函数可以被视为与报头相关的传递函数（HRTF）。当然，在考虑真实的反射环境时，传输函数会受到环境声音结构和人的声音结构的影响。通过探测麦克风在听者耳道内的直接测量，实现不同声源位置的 HRTF 估计。一旦获得 HRTF，就监测头部位置，定位给定声源，并为头部位置提供合适的 HRTF，实现模拟。

2. 房间声学建模

更复杂的真实的声场模型是为建筑应用开发的，但它不能由当前的空间定位系统实时仿真。随着实时系统计算能力的增加，这些详细模型将适于真实环境的仿真。

通过对回声空间中的第二声源进行建模，可以生成一张空间图，该空间图描述了声音在不同点的分布。这种模型可以通过计算来确定听者的位置听到的声音的特征，如频率修改、方向、相对强度等。

镜面图像法和射线跟踪法可以找到第二声源。镜面图像法确保找到所有几何上正确的声学路径。射线追踪法很难预测找到所有反射所需的射线数。镜面图像法的优点是即使只有很少的处理时间也能产生合理的结果。通过调整可用光线的数量，射线跟踪法可以在给定的帧速率下轻松工作。因为镜面图像法的算法是递归的，不容易改变尺度。射线跟踪法在更复杂的环境下会得到更好的结果，因为处理时间与曲面数量之间是线性关系，而不是指数关系。虽然镜面图像法对于给定的测试情况更有效，但是在某些情况下射线跟踪法的性能更好。

3. 增强现实中听觉的显示

听觉通道的增强也是虚拟现实中的重要组成部分。实际上，就像视觉通道中一样，在许多应用中必须把电脑合成的声音信号和采样的真实声音信号结合起来。真实的声音信号可以从当地环境采样，也可以通过远程操作系统从远程环境采样。在本地环境中，声音信号可以通过周围声音泄漏耳机获得，也可以通过当地的定位麦克风获得，然后在电路中合并信号，而不是在声音空间中合并。但是，当我们需要在加入前处理环境信号，或者环境信号的声源在比较远的地方时，我们就要使用后一种方法。声音增强现实系统应该能够接收任何环境中麦克风捕捉到的信号，并根据特定情况转换这些信号，然后加入虚拟现实系统提供的信号中。目前，声音增强现实技术最常见的应用是在虚拟现实任务中让用户处理现实世界中的重要事件，例如，现实世界中的各种提示音。

二、真实感实时绘制技术

要实现虚拟现实系统中的虚拟世界，仅有立体显示技术是不够的，还需要采用真实感实时绘制技术，保证用户在观察虚拟世界时的立体感，且场景随着用户观察的方向实时绘制。这样才能实现虚拟世界的真实感和实时性。

（一）真实感绘制技术

对于虚拟现实系统中的虚拟世界，仅有立体显示技术是不足以满足需求的。真实感绘制是指在计算机中重现真实世界场景的过程，主要任务是模拟真实物体的物理属性，如形状、光学性质、表面纹理和粗糙程度等。实时绘制是指当用户视点变化时，需要及时更新图形显示，以保证图形显示更新的速度跟上视点的变化速度，避免产生迟滞现象。因此，虚拟现实需要采用真实感实时绘制技术来实现虚拟世界的生成。在虚拟现实系统中，为了消除迟滞现象，必须保证计算机每秒生成 10 ～ 20 帧图像。简单场景，如仅包含数百个多边形，实现实时显示并不困难。但是，为了获得逼真的显示效果，场景中的多边形往往有上万个，甚至有时达到数百万个。而且，系统还需要处理光照、反混淆和纹理等，这就对实时显示提出了更高的要求。

在虚拟现实系统中，要求图形实时生成，这要求使用限时计算技术。传统的图形绘制方法追求高质量和真实感，但不要求速度。而在虚拟现实中，因为场景可能包含数以万计的多边形，对绘制技术提出了更高的要求。目前，在充足的计算时间下，可以生成几乎与照片一样的电脑图像。但是，虚拟现实系统需要实时生成图形，因此，时间的限制导致我们不得不降低虚拟环境的几何复杂度和图像质量，或者采用其他技术来提高其逼真程度。为了提高虚拟环境的逼真度，常采用如下技术：

1. 纹理映射

纹理映射指将纹理图像贴在简单物体的几何表面，以近似描述物体表面的纹理细节，加强真实性。简单来说，就是把一张图片贴到三维物体的表面上来增强真实感，可以和光照计算、图像混合等技术结合起来达到较好的效果。

纹理映射是一种简单有效的增强真实性的措施。它以有限的计算量，大大改善显示的逼真性。实质上，它是用二维的平面图像代替三维模型的局部。

2. 环境映照

环境映照是一种图形学技术，它通过纹理图像表示物体表面的镜面反射和透射效果，提高了显示的逼真度和真实感。这种方法是通过将周围场景的投影变换到一个中间面上而得到的，因此，环境映照可以提供场景的准确和完整的视图，并使虚拟环境更逼真。

3. 反走样

在绘制中出现的一个问题是走样，它会造成显示图形的失真。

因为计算机图形的像素特性，所以显示的图形是点的矩阵。若像素达到 50 万，则人眼不会感到不连续性。但在有些图形中会出现假象，特别是接近水平或垂直的高对比的边，它会显示成锯齿状。若在图形中显示小的细节或三角形的边，就会有问题。小的细节可能小于显示分辨率，造成显示近似性。此外，纹理映射中会包含细节，这会造成波纹状，使人感到纹理在运动。上述情况称为走样。

反走样算法试图防止这些伪像。一个简单的方法是画一个两倍分辨率的图，然后从像素值的平均值计算出正常分辨率的图。另一种方法是计算每个相邻元素对一个像素的影响，然后加权求和，得到最终的像素值。这可以防止图形的“突变”，从而保持“柔和”。

混叠是由图像的像素属性引起的失真现象。反走样方法的本质是提高像素的密度。

在图形绘制中，模拟光照和表面属性是一个很大的难题。为了解决这个问题，已经有了各种不同的光照模型。从简单到复杂，这些模型分别是简单光照模型、局部光照模型和整体光照模型。在绘制方法上，有一些模拟光的实际传播过程的光线跟踪法，也有一些模拟能量交换的辐射度方法。除了在计算机中实现逼真的物理模型，绘制真实感图像的另一个重点研究领域是加速算法，如求交加速、光线跟踪加速等。这些加速算法可以在最短的时间内绘制出最逼真的场景。

（二）基于几何图形的实时绘制技术

实时三维图形绘制技术是利用计算机为用户提供能从任意视点和方向实时观察三维场景的工具。它需要保证当用户观察视点改变时，图形的显示速度也能够快速更新，避免产生延迟现象。

传统的虚拟场景技术是通过数学模型预先定义几何轮廓，再使用纹理映射、光照等技术进行渲染。虚拟现实系统的主要内容是构建虚拟环境并从不同方向漫游，需要首先构建几何模型，模拟虚拟摄像机的运动，并获得相应的图像输出。

与二维图形相比，三维图形包含的信息更多，虚拟场景越复杂，数据量越大。因此，在生成虚拟环境的视图时，必须采用高性能的计算机和设计好的数据组织方法来满足实时性的要求。一般来说，至少保证图形的刷新频率不低于 15 Hz/s，最好高于 30 Hz/s。

一些性能较差的虚拟现实系统会由于视觉更新等待时间较长而造成视觉交叉错位，即当用户头部旋转时，由于计算机系统和设备的延迟，新的视点场景无法及时更新，造成头部移动了但场景没有及时更新的情况；当用户的头部已经停止转动时，系统会显示刚刚延迟的新场景，这不仅大大降低了用户的沉浸感，还会产生我们前面提到的“晕车”——让人感到头晕、疲惫。

为了提高三维图形的实时绘制能力，除了使用高性能的硬件计算机外，还需降低场景的复杂度。减少处理的多边形数量是一个有效的方法。常用的减少场景复杂度的方法有：预测计算、脱机计算、3D 剪切、可见消隐和细节层次模型，其中细节层次模型应用较广泛。

1. 预测计算

预测计算可以用来预测其他物体的运动情况，提前预知它们可能在下一帧图像中的位置，从而更有效地绘制三维场景。

2. 脱机计算

在 VR 系统中使用预测计算方法可以减少用户交互带来的延迟，提高系统的流畅度和用户体验。此外，可以通过对计算瓶颈的分析并采用优化算法，来进一步提高系统的效率。

3. 3D 剪切

3D 剪切是一种降低复杂度的技术，通过将复杂的场景划分为若干个不同的部分，仅显示观察者可以看到的部分。这样，可以减少需要在一个时刻处理的多边形数量，从而降低计算量，加快显示速度。

首先要把不可见的物体切掉，然后再把部分可见的物体的不可见部分切掉。常用的方法是用物体包围盒来判断可见性，这是一种降低计算复杂度的近似处理。有以下算法：

（1）Cohen-Sutherland 裁剪算法：用 6 位代码表示一条线段是否可见。有三种情况：全部可见，全部不可见，部分可见。如果它是部分可见的，则线段被分成子线段，并按线段检查可见性，直到每个子段都部分可见（全部可见或全部不可见）。

（2）Cyrus-Beck 剪切算法：使用线段的参数定义。由参数确定该线是否与视觉空间的六个边界平面相交。

（3）回消法：该方法用于减少待切割多边形的数量。多边形有一条法线（有一个正面）和一条从视点到多边形的视线。多边形是否可见由法线与视线的交角决定（面向视点的平面可见，背向视点的平面不可见）。但是，3D 剪切方法对封闭空间有效，对开放空间无效。

4. 可见消隐

3D 剪切技术和用户所处场景部位相关，由此可见消隐技术性又与用户的聚焦点密切相关。应用此方法，系统软件仅显示用户现阶段能“看到”的场景，当用户只可见到全部场景中较小一部分时，导致系统仅显示相对应场景，这时可大大减少需要显示的多边形数量。一般采用清除隐藏面算法（消隐算法）从显示的图案中除掉隐藏的（被遮掩的）线揉面。比较常见的有以下几点方式。

（1）画家算法

它把视场中的表面按深度排序，然后由远到近依次显示各表面。近的取代远的。它不能显示互相穿透的表面，也不能实现反走样。但是若两个物体有重叠，即 A 的一部分在 B 前，B 的另一部分在 A 前，那么不能采用此算法。

（2）扫描线算法

它从图像顶部到底部依次显示各扫描线。对每条扫描线，用深度数据检查相交的各物体。它可实现透明效果，显示互相穿透的物体，以及反走样，并可由各个处理机并行处理。

（3）Z- 缓冲器算法

对一个像素，Z- 缓冲器中总是保存最近的表面。如果新的表面深度比缓冲器保存的表面的深度更接近视点，则新的代替保存的，否则不代替。它可以用任何次序显示各表面。但它不支持透明效果，反走样也受限制。有些工作站甚至已把 Z- 缓冲器算法硬件化。

然而，当用户“看见”的场景较复杂时，这些方法就作用不大。

5. 细节层次模型

细节层次模型是一种多层次的模型，在不同情况下，使用不同层次的模型来表示同一个物体，从而提高渲染效率。当物体被摄像机所远或不在视野中时，采用低细节水平的模型，而当物体被摄像机所接近或在视野中时，采用高细节水平的模型，可以有效降低图形计算的复杂度，从而提高绘制的速度。

如同时创建两个几何图形模型，当一个物体离聚焦点很远（也就是这个物体在视场中占据比较小的比例时），或是这一物体非常小，就需要采用较简单模型制作。简单模型具备较小的细节，包括较小的不规则图形（或三角形），便于降低运算量。相反，如果这些物体离聚焦点较近，也就是这个物体在视场中占据比较大的比例时，或是物体非常大，就必须要采用较细致

（繁杂）的模型来制作。繁杂模型具备比较多的细节，包括比较多的不规则图形（或三角形）。为了能表明细节，务必耗费比较多的运算量。一样，假如场景下有运动物体，还可以采用相似的方式，对处于健身运动速度更快或处在运动中的物体，采用较简单模型，但对于静止的物体采用较细致的模型。针对不同状况选择不一样详尽水平的模型，表明质量与运算量是最合适的。

例如，当我们在近处观看一座建筑物时，可以看到细节，而在远处观看一座建筑物时，只能看到模糊的形象，不能看到细节。这种简单的规律，可以用于在保持真实性的条件下减少计算量。

简而言之，细节层次模型是一种动态的模型表示方法，根据用户视点、视线停留时间、物体远近等因素，为每个物体动态选择合适的细节水平以实现实时图形显示，并在保证实时性的前提下提高视觉效果。

细节选择是一种具有发展前途的图形绘制方法，可以适用于封闭和开放空间模型，且受到全球范围内相关研究人员的关注。然而，细节层次模型需要大量存储空间，并且在不同细节层次模型之间的切换时会需要多个模型。离散的细节层次模型也不支持平滑过渡，对模型的描述和维护提出了较高要求。

（三）基于图像的实时绘制技术

基于几何模型的实时动态显示技术的主要优势是可以随意改变观察点和观察方向，没有任何限制。然而，它也存在一些问题，比如三维建模需要大量的时间和精力，工程量很大；对计算机硬件有较高的要求；漫游时需要在每个观察点和视角生成大量的数据。因此，近年来很多学者正在研究直接使用图像来实现复杂环境的实时动态显示。

基于图像的实时真实感绘制（IBR）是当前真实感绘制研究的热点。IBR 方法摒弃了传统先建模再确定光源的方法，直接从已知图像中生成未知视角图像，省去了场景建模和光照模拟的步骤，不需要耗费时间的光线跟踪等计算。IBR 方法特别适用于野外复杂场景的绘制和漫游。

根据图像的绘制技术是建立在一些事先生成的场景画面前提下，对贴近聚焦点或视线方向的画面开展转换、插值法与变型，进而迅速获得现阶段聚焦点处的场景画面。

与根据几何图形传统绘制技术对比，根据图像的实时绘制技术的优势有以下几个方面：

①计算量适中，选用 IBR 方式所需要的运算量比较小，对计算机网络资源要求较低，所以可以在常规工作平台和 PC 机上进行繁杂场景的实时同步，适宜本人电脑中的虚拟现实应用。

②作为已知源图像既可以是由电子计算机生成的，还可以是由照相机在真实环境里捕捉的，乃至是二者混和生成的，因而根据图像的绘制技术可以反映更加丰富的明暗度、色调、纹路等相关信息。

③图型绘制技术和所绘制的场景多元性不相干，互动标注的开销仅与所需生成画面的屏幕分辨率相关，因而 IBR 能用以主要表现比较复杂的场景。

现阶段，图像的绘制技术主要有以下两种。

1. 全景技术

全景技术通过选定一个观察点并从多个角度拍摄照片，将其拼接成一个全景图像。这种技术的优点在于数据量较小，对计算机要求低，适用于非沉浸式虚拟现实系统，建模速度快，缺点在于仅有一个观察点，交互性较差。

2. 图像的插值及视图变换技术

这种研究方法提高了全景技术的交互性和漫游体验，因为可以在多个观察点进行漫游，不受限制。通过对图像间的对应点进行插值和视图变换，生成新的视图，可以实现更丰富、真实的虚拟现实体验。

第三节　三维虚拟声音实现技术与自然交互传感技术

一、三维虚拟声音的实现技术

在虚拟现实系统中，听觉信息是仅次于视觉信息的重要传感通道，它创造出身临其境的三维虚拟声音，使用户能在虚拟世界中感受到更真实的环境，增强沉浸感与交互性。为此，听觉通道需要满足能识别声音的类型、强度以及位置的要求，使用户感觉置身于立体的声场之中。加入三维虚拟声音，不仅增强交互性与沉浸感，还能减弱大脑对视觉的依赖，提高信息的接收能力。

（一）三维虚拟声音的概念与作用

三维虚拟声音是通过利用数字信号处理技术和计算机算法模拟环境音场的表现，在虚拟现实系统中根据用户的观察位置和视角进行动态实时生成的，从而营造出逼真的立体声效果。这样的设计使声音可以更加精细地定位到指定的位置，从而使用户在虚拟世界中有更加真实的听觉体验。如战场模拟训练系统中，当用户听到了对手射击的枪声时，他就能像在现实世界中一样准确而且迅速地判断出对手的位置，如果对手在我们身后，听到的枪声就应是从后面发出的。因而把在虚拟场景中能使用户准确地判断出声源的精确位置，符合人们在真实世界中听觉方式的声音系统称为三维虚拟声音。

在虚拟现实系统中，声音具有如下几个主要作用：

①作为用户和虚拟环境交互的另一种方式，人们可以通过语音与虚拟世界进行交流，例如语音识别和语音合成等。

②通过数据驱动的声音传递对象的属性信息。

③增强空间信息，特别是当空间超出视野范围时。

④营造环境氛围，如环境音乐和效果音。

⑤帮助让用户更好地理解虚拟环境中的事件，例如声音引导用户注意某些重要的内容。

⑥改变用户的情绪，例如恐怖音效可以增加恐怖感，而安抚的音乐可以减少紧张感。

⑦提高用户的沉浸感，声音能使用户更充分地感受到虚拟环境中的气氛。

通过使用三维虚拟声音，可以提高虚拟环境的真实感，即使眼睛闭上也能知道声音来源。尤其是在头盔显示器分辨率和图像质量较差的情况下，声音对提升视觉质量的作用更加重要。因为视觉和听觉共同作用时，可以起到增强作用，使显示更加丰富。特别是当虚拟空间超出视线范围时，听觉和视觉共同使用可以充分显示信息，为用户提供更强烈的存在感和真实感。

（二）三维虚拟声音的特征

三维虚拟声音系统最核心的技术是三维虚拟声音定位技术，它的特征主要有以下几个。

1. 全向三维定位特性

全向三维定位是一种使用声音在三维虚拟空间中精确定位声源的能力，它使用户能够准确地判断出声源的位置，以模拟人们在真实世界中的听觉体验。就像在现实世界中，人们先听到声音，再用眼睛寻找声音的来源一样，三维声音系统不仅允许用户根据注视的方向识别声音来源，也可以通过所有可能的位置识别不同的信息来源。三维声音系统通过提供粗略的方向指引，可以帮助用户更准确地识别视觉信息，即使在困难的环境下，声音的全向特性可以有效地引导用户注意，加快目标的搜索。

2. 三维实时跟踪特性

三维实时跟踪特性是指实时跟踪虚拟声源在三维虚拟空间中的位置变化或场景变化的能力。当用户头部旋转时，这个虚拟声源的位置也要发生变化，让用户感觉真实声源的位置没有变化。当虚拟发声物体移动时，它的声源位置也应该改变。因为只有声音效果与实时变化的视觉相一致，才有可能产生视觉和听觉的叠加同步效果。如果三维虚拟音响系统不具备这样的实时变化能力，看到的景象和听到的声音会相互矛盾，听觉会削弱视觉沉浸感。

3. 沉浸感与交互性

三维虚拟声音的沉浸感，即加入三维虚拟声音后可以让用户有身临其境的感觉，可以进一步让人沉浸在虚拟环境中，有助于增强临场效果。三维声音的交互特性是指临场反应和随用户动作实时反应的能力。

（三）语音识别技术

语音是人类最自然的交流方式。与虚拟世界进行语音交互是虚拟现实系统的一个高级目标。虚拟现实技术中语音技术的关键技术是语音识别技术和语音合成技术，目前还不成熟。与语音识别技术相比，语音合成技术相对成熟。

语音识别（ASR）技术是指将人说出的语音信号转换成计算机程序可以识别的文本信息，从而识别说话人的语音指令和文本内容的技术。

语音识别一般包括参数提取、参考模式建立、模式识别等过程。用户通过麦克风将声音输入系统，系统将其转换为数据文件后，语音识别软件开始将用户输入的声音样本与预先存储的声音样本进行比较。声音比对完成后，系统会输入一个它认为最“像”的声音样本序列号，这样就能知道用户刚刚念的声音是什么意思，然后执行这个命令。说起来简单，但是真正建立一个高识别率的语音识别系统是非常困难和专业的。目前，世界各地的研究人员仍在努力研究最佳方法。比如在建立“声音样本”的过程中，如果要识别 10 个单词，首先要把这 10 个单词的声音输入系统中，作为 10 个参考样本存储起来。识别时，只需要将这次读出的声音（测试样本）

与事先存储的10个参考样本进行比较，找出与测试样本最相似的样本，就可以识别出测试样本。但是，在实际应用中，每个用户的语音长度、声调、频率都是不一样的，即使是同一个人，在不同的时间、不同的状态下，虽然他每次发出的声音都是一样的，但波形不一样，更何况语音词典中有大量的汉字（或外来词）；而如果在嘈杂的环境中，情况就更糟糕了。因此，我们开发了许多方法来解决这个问题，如傅立叶变换和倒谱参数，使目前的语音识别系统达到了可以接受的水平，识别度越来越高。

（四）语音合成技术

语音合成（TTS）技术是指用人工方法生成语音的技术。计算机合成语音时，要让听者理解其意图，感知其情绪。一般来说，对“发音”的要求是明白、清晰、自然、有表现力。

一般来说，语音输出的实现方式有两种，一种是录音 / 回放，一种是文语转换。在第一种方法中，首先，模拟语音信号被转换成数字序列，被编码，临时存储在存储设备中（记录），并且如果需要的话被解码以重构语音信号（回放）。录音 / 放音可以获得高质量的声音，保留特定人的音色。但是所需的存储容量随着发音时间线性增加。第二种方法是基于声音合成技术的声音生成技术。它可以用于语音合成和音乐合成。它是语音合成技术的延伸，可以将计算机中的文本转换成连续、自然的语音文件。如果用这种方法输出语音，要事先建立语音参数数据库和发音规则数据库。当需要输出语音时，系统首先根据需要合成语音单元，然后按照语音规则或语言学规则连接成自然语言流。文语转换的参数库不是随着发音时间的增加而增加，而是随着语音质量要求的提高而增加。

在虚拟现实系统中，语音合成技术可以提高沉浸感。当实验者佩戴低分辨率头盔显示器时，实验者可以从显示器获得图像信息，但几乎不能从显示器获得文本信息。此时，通过语音合成技术，用语音读出必要的命令和文本信息，可以弥补视觉信息的不足。

如果将语音合成技术与语音识别技术相结合，人们可以简单地与计算机创造的虚拟环境进行交流。当用户的手忙于执行其他任务时，这种语音通信功能就显得极为重要。因此，该技术在虚拟现实环境中具有突出的应用价值。相信在不久的将来，语音识别技术和语音合成技术会更加成熟，真正实现人机自然交互和无障碍交流。

二、自然交互与传感技术

自计算机诞生以来，计算机的发展极其迅速，而人与计算机的交互技术发展相对缓慢。人机交互界面经历了以下几个发展阶段。

从20世纪40年代到70年代，人机交互采用命令行（CLI）方式，这是第一代人机交互界面。人机交互采用文本编辑的方法，可以在屏幕上显示各种输入 / 输出信息，通过问答对话、文本菜单或命令语言进行人机交互。但是在这个界面中，用户只是敲击键盘作为交互通道，通过键盘输入信息，输出的只能是简单的字符。所以这个时期的人机交互界面的自然度和效率都很差。在人们使用计算机之前，他们必须经过长时间的训练和学习。

图形用户界面（GUI）出现于20世纪80年代初，GUI的广泛流行将人机交互推向了GUI

的新阶段。人们不再需要记忆大量的命令，而是可以通过窗口、图标、菜单和指点设备直接操作屏幕上的对象，这就形成了 WIMP 所谓的第二代人机界面。与命令行界面相比，图形用户界面采用了视点（鼠标）的方式，大大提高了人机交互的自然度和效率，从而大大方便了非专业用户的使用。

到了 90 年代初，人机交互在界面信息的表达上有了很大的提高，使用了各种媒体，于是多媒体界面成为一种流行的交互方式。同时，界面输出也开始转变为动态和二维的图形／图像等多媒体信息，从而有效地增加了计算机与用户之间的交流渠道。

图形交互技术的快速发展充分说明，使处理后的数据易于操作和直观是非常重要的。人的生活空间是立体的。虽然 GUI 已经提供了一些元素，比如模仿三维的按钮，但是仍然很难在三维中操作界面。此外，人们已经习惯了日常生活中人与环境的互动，这种互动的特点是形象、直觉和自然。人们通过多种感官接收信息，如视觉、听觉、口语、触觉和视觉。而且这种交互方式是全人类共有的，基本不随时间地点的变化而变化。但是，无论是命令行界面还是图形用户界面，都不具备上面提到的自然、直接、立体操作的交互能力。因为本质上，它们都属于静态的、单通道的人机界面，用户只能使用准确的、二维的信息在一维、二维空间完成人机交互。

因此，更加自然、和谐的交互方式逐渐受到人们的关注，成为未来人机交互界面的发展趋势。为了满足当前和未来计算机系统的要求，人机交互界面应该能够支持时变媒体，实现三维、非精确、隐式的人机交互，而虚拟现实技术是实现这一目标的重要途径，它为建立便捷、自然、直观的人机交互模式创造了极好的条件。从不同的应用背景来看，虚拟现实技术将抽象复杂的计算机数据空间表现为用户熟悉的东西。其技术本质在于提供了一种先进的人机交互界面，使用户能够直观、感性、自然地与计算机生成的数据空间进行交互。它是多媒体技术的高级应用。

虚拟现实技术强调自然交互，即人在虚拟世界中，与虚拟世界进行交互，甚至意识不到计算机的存在，即在计算机系统提供的虚拟空间中，人可以利用眼睛、耳朵、皮肤、手势、语音等各种感官直接与之进行交互。目前，与虚拟现实技术中的其他技术相比，自然交互技术还相对不成熟。

作为新一代人机交互系统，虚拟现实技术与传统交互技术的区别可以从以下几个方面来说明。

第一，自然互动。研究“虚拟现实”的目标是实现“计算机要适应人，而不是人适应计算机”的目标，认为人机界面的改进应该建立在相对不变的人的特性的基础上。在虚拟现实技术中，人机交互可以朝着“无障碍”的方向发展，而不是使用键盘、鼠标和菜单，使计算机最终能够感受人体，倾听人的声音，并通过人类所有的感官与人交流。

第二，多渠道。多通道界面充分利用多个感官和动作通道的互补特性来捕捉用户意图，从而提高人机交互中的可靠性和自然性。现在的人操作电脑，眼睛和手都很累，效率也不高。虚拟现实技术可以使听、说、手、眼协同工作，实现高效的人机交流，也可以使人或机器在不使某个通道过载的情况下，选择最佳的反应通道。

第三，高“带宽”。现在计算机输出可以快速连续显示彩色图像，其信息量非常大。但是人的输入还是用键盘一个一个敲，虚拟现实技术可以利用语音、图像、姿势的输入和理解，快速、大量地输入信息。

第四，交互技术不严谨。这是指一种交互方式能够充分说明用户与某项技术交互的目的，键盘和鼠标都需要用户的准确输入。而人的动作或思想往往不是很准确，计算机要理解人的要求，甚至纠正人的错误，所以智能界面将是虚拟现实系统的一个重要发展方向。在传统的通过交互来表达事物真实性的计算机应用模式中，人机交互的媒介是用符号来表现真实的事物，是对现实的抽象替代，而虚拟现实技术可以使这种媒介成为真实事物的再现、模拟甚至是想象和虚构，能让用户感觉不是在使用电脑，而是直接和应用对象打交道。

近年来，为了提高虚拟环境中人的自然交互程度，研究人员正在不断改进现有的自然交互硬件，加强对相关软件的研究；另一方面，研究人员积极将其他相关领域的技术成果引入虚拟现实系统，从而拓展了一种新的人机交互方式。虚拟现实领域常用的交互技术主要有手势识别、面部表情识别和眼球追踪。

（一）手势识别

人与人之间的互动有很多种形式，比如动作和语言。在语言方面，除了采用自然语言（口语和书面语），肢体语言（表情、姿势和手势）也是人类交往的基本方式之一。与人的交互相比，人机交互要刚性得多，因此研究对人类语言的理解，即人类语言的感知和人类语言与自然语言的信息融合，对提高虚拟现实技术的交互性具有重要意义。手势是一种简单便捷的交互方式，也是人类语言中非常重要的一部分。它包含的信息量最大，表达能力与口语、书面语等自然语言相同。因此，在人机交互中，手势完全可以作为一种交互手段，它具有很强的视觉效果，因为它具有生动、形象、直观的特点。

手势识别系统的输入设备主要分为两类：基于数据手套的手势识别系统和基于视觉（图像）的手势识别系统。基于数据手套的手势识别系统具有实用性，它使用数据手套和位置跟踪器来捕捉手势在空间中的轨迹和时序信息，检测更复杂的手部动作，包括手部位置、方向和手指曲率，并根据这些信息对手势进行分类。这种方法的优点是系统的识别率高，缺点是做手势的人要戴复杂的数据手套和位置跟踪器，相对限制了手的自由活动，且数据手套和位置跟踪器等输入设备价格昂贵。基于视觉的手势识别系统从视觉通道获取信号，有的要求人们戴上特殊颜色的手套，有的要求人们戴上各种颜色的手套来确定手的各个部位。通常，摄像头用于收集手势信息。摄像机连续拍摄手部运动图像后，采用轮廓法识别手部各手指，然后采用边界特征识别法区分细小集中的手势。这种方法的优点是输入设备相对便宜，使用时不干扰用户，缺点是识别率低，实时性差，尤其难以用于大词汇量的手势识别。

手势识别技术主要有模板匹配技术、人工神经网络技术和统计分析技术。模板匹配技术将传感器输入的数据与预定义的手势模板进行匹配，通过测量两者的相似度来识别手势；人工神经网络技术具有自组织和自学习能力，能有效地抗噪声和处理不完整的模式，是一种比较优良的模式识别技术；统计分析技术是通过基于概率的方法来统计样本特征向量确定分类的一种识别方法。

手势识别技术的研究不仅能使虚拟现实系统交互更自然，同时还能有助于改善和提高聋哑人的生活、学习和工作条件，同时也可以应用于计算机辅助哑语教学，电视节目双语播放，虚拟人的研究，电影制作中的特技处理、动画的制作、医疗研究、游戏娱乐等诸多方面。

（二）面部表情识别

在人与人的交往中，人脸很重要。人们可以通过面部表情来表达自己的情绪，传递必要的信息。人脸识别是一个非常热门的研究领域，有着广泛的应用前景。人脸图像的分割、主要特征（如眼睛和鼻子）的定位和识别是这项技术的主要难点。国内外许多研究者都在从事这方面的研究，并提出了许多好方法。比如用模板匹配的方法识别正面人脸，用尺度空间技术研究人脸形状获取人脸特征点，用神经网络方法识别人脸，用估计运动模型参数的方法分割人脸图像。但大多数方法都存在一些共性问题，如要求人脸变化不能太大，特征点位置计算量大等。

在虚拟现实系统中，人脸表情的交互目前还是一项不成熟的技术。一般的人脸检测问题可以描述为：给定一幅静止图像或动态图像序列，从未知的图像背景中提取并确认可能的人脸。如果检测到人脸，则提取人脸特征。虽然人类可以很容易地从非常复杂的背景中检测出人脸，但对于计算机来说相当困难。在一些拍摄条件可以控制的情况下，人脸受限于尺度，人脸的检测和定位相对容易。在其他情况下，图像中人脸的位置是事先未知的，比如复杂背景下拍摄的照片，人脸的检测和定位会受到以下因素的影响：①图像中人脸的位置、角度、不固定的尺度和光照；②发型、眼镜、胡须、面部表情变化；③图像中的噪声。这些因素都给正确的人脸检测和定位带来了困难。

人脸检测的基本思想是建立人脸模型，比较所有可能被检测的区域与人脸模型的匹配程度，从而得到人脸可能存在的区域。根据对人脸知识的利用程度，人脸检测方法可以分为两类：基于特征的人脸检测方法和基于图像的人脸检测方法。第一种方法直接利用人脸信息，如肤色、人脸几何结构等。这些方法大多使用模式识别的经典理论，并被广泛使用。第二种方法不直接利用人脸信息，而是把人脸检测看作一般的模式识别问题。检测到的图像不经过特征提取和分析，直接输入系统，而是直接使用训练算法将学习样本分为人脸类和非人脸类。检测人脸时，只需要将这两类与可能的人脸区域进行比较，就可以确定检测区域是否是人脸。

1. 基于特征的人脸检测方法

（1）轮廓规则

人脸轮廓可以近似看作一个椭圆，通过检测椭圆就可以完成人脸检测。通常把人脸抽象成三个轮廓：头顶、左脸、右脸。对于任意一幅图像，首先进行边缘检测，从细化的边缘中提取曲线特征，然后计算每条曲线组合成人脸的评价函数来检测人脸。

（2）器官分布规则

虽然人脸因人而异，但都遵循一些普遍适用的规律，即五官分布的几何规律。检测图像中是否存在人脸，就是检测图像中是否存在符合这些规则的图像块。一般来说，这种方法首先建立人脸的器官或器官组合的模板，比如双目模板、下巴模板；然后检测图像中几个器官可能的分布位置，将这些位置点分别组合，利用器官分布的集合关系准则进行筛选，从而找到可能的人脸。

（3）肤色、纹理规则

人脸肤色聚类（将一组物理或抽象对象划分为由相似对象组成的多个类的过程称为聚类）是颜色空间中的一个小区域，因此可以使用肤色模型来有效地检测图像中的人脸。与其他检测方法相比，肤色检测的人脸区域可能不够精确，但如果在整个系统中作为人脸检测的粗略定位环节，直观、简单、快速，可以为进一步的精确定位创造良好的条件，达到最佳的系统性能。

（4）对称性规则

人脸有一定的对称性，器官也是。连续对称性检测方法可以检测圆形区域的对称性，从而确定是否是人脸。

（5）运动规则

如果输入图像是动态图像序列，则可以通过面部或面部器官相对于背景的运动来检测面部，例如，可以通过眨眼或说话来分离面部和背景。在运动目标检测中，帧差法是检测运动人脸最简单的方法。

2. 基于图像的人脸检测方法

（1）神经网络方法

该方法将人脸检测视为区分人脸样本和非人脸样本的两类模式分类问题，通过学习人脸样本集和非人脸样本集生成分类器。人工神经网络避免了复杂的特征提取，可以根据样本进行自学习，具有一定的适应性。

（2）特征脸方法

在人脸检测中，利用待检测区域与特征人脸空间的距离来判断是否是人脸。距离越小，越像脸。特征脸方法的优点是简单易操作，但由于没有使用反例样本信息，对与人脸相似的物体区分能力不足。

（3）模板匹配方法

该方法大多直接计算待检测区域与标准人脸模板的匹配度。最简单的就是把人脸当成一个椭圆，通过检测椭圆来检测人脸。另一种方法是用一组独立的器官模板来表示人脸，比如眼睛模板、嘴巴模板、鼻子模板、眉毛模板、下巴模板，通过检测这些器官模板来检测人脸。一般来说，基于模板的方法更好，但计算成本较高。

（三）眼动跟踪

虚拟世界中视觉感知的产生主要依赖人头部的跟踪，即当用户头部移动时，虚拟环境中的场景会随之变化，从而实现实时的视觉显示。但在现实世界中，人们可能经常通过移动眼睛而不转动头部来观察一定范围内的环境或物体。在这一点上，仅仅依靠头部跟踪是不全面的。为了模拟人眼的这种表现，我们在虚拟现实系统中引入了眼球跟踪技术。

眼动跟踪的基本工作原理是利用图像处理技术，使用能够锁定眼睛的特殊摄像头，通过吸收人眼角膜和瞳孔反射的红外线，连续记录视线变化，从而达到记录和分析视线跟踪过程的目的。

常见的眼球追踪方法有眼电图、虹膜－巩膜缘、角膜反射、瞳孔－角膜反射、隐形眼镜等。眼球追踪技术可以弥补头部追踪技术的不足，同时可以简化传统交互过程中的步骤，使交互更加直接。因此，眼动追踪技术多用于军事领域（如飞行员的观察和记录阅读）以及帮助残疾人进行交互。

虚拟现实技术的发展目标是将人机交互从精确的二维交互转变为精确的三维自然交互。因此，虽然现阶段手势识别、面部表情识别、眼球追踪等自然交互技术还不完善，但随着人工智能等技术的发展，基于自然交互的技术将在虚拟现实系统中得到广泛应用。

（四）触觉（力觉）反馈传感技术

触觉通道给人体表面提供触觉和力觉。当人体在虚拟空间中运动时，如果接触到虚拟物体，虚拟现实系统应该给人提供这种触觉和力觉。

触觉通道涉及操作和感觉，包括触觉反馈和力反馈。触觉（haptic）反馈是利用先进的技术将虚拟物体的空间运动转化为特殊设备的机械运动，不仅可以感受物体的表面纹理，还可以让用户体验到真实的力度感和方向感，从而提供一种全新的人机交互界面。那就是利用“作用与反作用”的原理，欺骗人的触觉，达到传递力度和方向信息的目的。在虚拟现实系统中，为了提高沉浸感，用户希望在看到物体时听到声音，也希望通过自己的触摸了解物体的质地、温度、重量等信息，让用户感觉对物体有了全面的了解，从而提高虚拟现实系统的真实感和沉浸感，方便虚拟任务的执行。如果没有触觉（力觉）反馈，操作者无法感受到被操作对象的反馈力，无法获得真实的操作感，甚至可能出现在现实世界中进行非法操作。

触觉感知包括触觉反馈和力反馈产生的感官信息。触觉是指人在接触物体时获得的所有感觉，包括触觉、压力、振动、刺痛感等。触觉反馈一般是指作用在人的皮肤上的力，反映的是人对触摸物体的感受，侧重于人的微观感受，如对表面粗糙度、纹理、形状等的感受。力反馈是作用于人体肌肉、关节和肌腱的力，侧重于人的宏观和整体感受，特别是人的手指、手腕和手臂对物体运动和受力的感受。当你用手拿起一个物体时，你可以通过触觉反馈感受到物体的粗糙度或硬度，通过力反馈感受到物体的重量。

由于人的触觉非常敏感，一般精度的设备根本无法满足触觉交互的要求，所以研究触觉和力反馈非常困难。目前大多数虚拟现实系统主要以力反馈和运动感知为主，其中很多力感知系统是以骨骼的形式制作的，不仅能检测方位，还能产生移动阻力和有效阻力。对于真实的触觉绘画，现阶段的研究还不成熟，而对于接触感，目前的系统已经能够给身体提供很好的暗示，但还不够真实；对于温度感来说，虽然可以使用一些微型的电热泵来产生局部区域的冷热感，但是这样的系统还是非常昂贵的；对于味觉、体感等其他感官，我们还是知之甚少，关于它们的产品也相对较少。

虽然已经开发了一些触摸反馈和力度反馈的产品，但是大部分还是比较粗糙和实验性的，相比在实际场景中的应用还有一定的距离。

（五）嗅觉交互技术

嗅觉交互技术也叫虚拟嗅觉交互技术，是指在与虚拟环境的人机交互过程中，虚拟环境能使人闻到逼真的气味，使人沉浸在这种环境中，并直接与这种环境自然交互，产生联想。

嗅觉交互技术可以广泛应用于工业、医学、教育、娱乐、生活和军事等领域，发挥着其他感官不可替代的作用。在军事领域，利用模拟器模拟战争的“气味环境”来训练新兵，可以让新兵闻到空气中的火药味，让新兵更快适应实战环境。在电影领域，气味电影院让观众根据影片中不同的画面闻到不同的气味，让观众有身临其境的新体验。在游戏领域，可以根据游戏剧情模拟游戏环境中的气味。

嗅觉交互技术作为一项新技术，属于计算机、机械、测控、心理学、认知等交叉学科领域，具有很强的技术综合性。嗅觉交互技术应实现嗅觉从无到有、从有到变、从变到无的完整循环系统，并具有可移植性、交互性、实时性和集成性。

对于虚拟嗅觉的应用，有三个相关的要素，即人类嗅觉的生理结构、气味来源和虚拟环境特征。在虚拟环境的嗅觉中，气味源首先要产生气味分子，然后将气味分子发送给用户。根据气味源物理性质的不同，气味分子需要以不同的方式产生。例如，对于固体或液体气味源，可以用电阻丝加热，使气味分子挥发。对于气体或挥发性液体气味源，气味分子可以通过吹气装置释放，吹气装置安装在带有进气口的气味盒中。吹风装置与气味盒的进气口连接，控制吹风装置的运行，将气味分子从气味盒的出气口喷出。

气味分子具有持久性和延时性，很难快速散去，容易使用户的嗅觉产生惰性，造成气味混杂的问题，破坏了虚拟环境的实时性和真实感。因此，虚拟嗅觉研究应注意气味变化和排出的问题。嗅觉变化是虚拟嗅觉交互的必然要求。在研发过程中，要充分考虑气味在交互过程中的实时变化，虚拟环境中的气味需要随着场景的变化而实时变化。

（六）定位跟踪技术

虚拟现实系统中最重要的一个技术便是定位跟踪技术（也称定位追踪技术）。目前主流的头盔显示器定位追踪技术主要有两种，分别是外向内追踪技术和内向外追踪技术。

外向内追踪技术包括电磁追踪、超声波追踪、惯性追踪和光学追踪等技术，最具代表性的产品是 HTC Vive 带基站的头盔显示器，目前主流的外向内追踪虚拟现实系统定位的解决方案主要有以下几种：

①激光定位技术，通过定位器每秒若干次的激光，与光敏传感器进行位置追踪。

②采用红外光学定位，通过一个类似直立麦克风的感测器进行追踪。

③通过体感摄像头配合五彩斑斓的神奇魔法棒做可见光光学定位。

外向内追踪技术有较高的准确度，且传输资料量少，运算的延迟也低，可降低部分因延迟产生的不适感。但是外接设备的限制很明显，例如，当追踪物体远离传感器的测距或是被其他物体遮挡时，就无法获得位置信息；操作者不能随意离开传感器的有效监测区，限制了操作者自由活动范围。

内向外跟踪技术是一种光学跟踪技术。它在被跟踪的目标上安装光源发射装置，获取光源信号的传感器，并在使用环境中确定标记点。其原理是基于三角测量算法，测量目标反射或主动发出的光，通过专门的计算机视觉算法，转换成目标的空间位置数据，从而实现对目标的位置跟踪。内向外跟踪技术不需要任何外部传感器，因此可以在没有硬件建设和标记的环境中使用，不受遮挡问题的影响，也不受传感器监测范围的限制，因此具有更大的机动性和更高的自由度。还有就是因为不依赖外部设备进行操作，所以对耳机的要求更高，相对于外向内追踪技术，精度不会那么高。微软的头戴显示器HoloLens采用了由内向外追踪技术。它有一个深度摄像头、一个用于拍摄图像 / 视频的 200 万像素摄像头和四个环境感知摄像头，这些摄像头收集环境中的特征点进行匹配，并使用同步定位和映射的 SLAM 算法来获取空间位置信息。

第四节　实时碰撞检测与数据传输技术

一、实时碰撞检测技术

为了保证虚拟环境的真实性，用户不仅要能够直观地看到虚拟环境中的虚拟物体及其表演，还要能够以身临其境的方式与之进行交互。这首先要求虚拟环境中的固体物是不可穿透的。当用户触摸物体并对其进行拉、推、抓操作时，可以发生真实的碰撞，并实时做出相应的反应。这就要求虚拟现实系统能够及时检测到这些碰撞，产生相应的碰撞反应，及时更新场景输出，否则就会出现穿透现象。正是有了碰撞检测，才能避免人穿墙等不真实的情况，虚拟世界才有真实感。

碰撞检测在计算机图形学和其他领域有着悠久的研究历史。近年来，随着虚拟现实等技术的发展，它已经成为一个研究热点。准确的碰撞检测对提高虚拟环境的真实性和沉浸感起着非常重要的作用，而虚拟现实系统中的高复杂性和实时性对碰撞检测提出了更高的要求。

在虚拟世界中，通常有许多静态的环境物体和运动物体，每个虚拟物体的几何模型往往由成千上万个基本几何元素组成。虚拟环境的几何复杂性大大增加了碰撞检测的计算复杂性。同时，由于虚拟现实系统的实时性要求很高，碰撞检测必须在短时间内（如 30 ～ 50 ms）完成，因此碰撞检测成为虚拟现实系统和其他实时仿真系统发展的瓶颈，碰撞检测是虚拟的。

碰撞问题一般分为两部分：碰撞检测和碰撞响应。碰撞检测的任务是检测碰撞的发生和位置。碰撞响应是在碰撞发生后，促使碰撞物体根据碰撞点等参数做出正确的动作，以符合现实世界中的动态效果。因为碰撞响应涉及机械反馈、运动物理等领域的知识，所以本书主要介绍碰撞检测。

（一）碰撞检测的要求

在虚拟现实系统中，为了保证虚拟世界的真实性，碰撞检测必须具有较高的实时性和准确性。所谓实时，基于可视化显示的要求，碰撞检测的速度一般至少要达到24 Hz；基于触觉的要求，碰撞检测的速度至少要达到 300 Hz 才能维持触觉交互系统的稳定，至少 1000 Hz 才能达到流畅的效果。

其准确性取决于虚拟现实系统在实际应用中的要求。例如，对于小区漫游系统，只需要近似冲突情况。此时，如果两个物体的距离比较近，无论有无碰撞都可以视为碰撞，可以大致计算出碰撞位置；在虚拟手术仿真、虚拟装配等系统的应用中，需要准确检测碰撞是否发生，实时计算碰撞位置，并产生相应的响应。

（二）碰撞检测的实现方法

最原始最简单的碰撞检测方法是一种蛮力计算方法，即两个几何模型中的所有几何元素两两测试。虽然这种方法可以得到正确的结果，但是当模型的复杂度增加时，其计算量过大，相交测试会变得非常慢。这与虚拟现实系统的要求相差甚远。为了加速两个物体之间的精确碰撞检测，现有的碰撞检测算法主要分为两类：层次包围盒法和空间分解法。这两种方法的目的是尽可能减少需要进行相交测试的对象对或基本几何元素对的数量。

层次包围盒方法是碰撞检测算法中广泛使用的方法，是解决碰撞检测问题固有时间复杂度的有效方法。其基本思想是用一个体积略大、几何特征简单的包围盒来近似描述复杂的几何对象，通过构造一个树状的层次结构来近似对象的几何模型，这样在遍历包围盒树的过程中，可以尽早剔除明显不可能相交的基本几何元素对，快速剔除不碰撞的元素，并且减少了大量不必要的相交测试，只对一些与包围盒重叠的元素进一步进行相交测试，从而加快了碰撞检测的速度，改善了碰撞。典型的边界框类型包括沿坐标轴的边界框“AABB”、边界球、方向边界框、固定方向凸包等。分层包围盒方法广泛应用于复杂环境下的碰撞检测。

空间分解法将整个虚拟空间划分为体积相等的小单元，只测试占据同一单元或相邻单元的几何对象的交集。典型的方法有 K-D 树、八叉树和 BSP 树、四面体网络、规则网络等。空间分解方法通常适用于稀疏环境下均匀分布的几何对象之间的碰撞检测。

二、数据传输技术

数据传输可以分为有线数据传输和无线数据传输。有线传输，顾名思义，使用线缆进行数据传输，虚拟现实系统中一般会使用雷电 3、USB 3.0、DP 接口、HDMI 等接口传输协议；而无线传输又包括 5G 技术、WiFi 传输技术、蓝牙传输技术等。目前所有的虚拟现实系统都逐步往无线数据传输发展，使用有线传输的设备大大减少。下面主要介绍几种无线传输技术。

（一）5G 通信技术

第 5 代移动通信技术（简称 5G）是最新一代蜂窝移动通信技术，也是 4G（LTE-A、Wi-Max）、3G（UMTS，LTE）和 2G（GSM）系统的延伸。5G 的性能目标是高数据速率，减少延迟、节省能源、降低成本、提高系统容量和大规模设备连接。

5G 的关键技术包括网络切片、毫米波、小基站、大规模 MIMO、波束成形及全双工。

1. 网络切片

不同的应用场景——高速、低延迟、海量连接、高可靠性等。将网络分割成满足不同需求的虚拟子网。每个虚拟子网的移动性、安全性、时延、可靠性甚至计费方式都不一样，逻辑上相互独立，形成一个“网络切片”。实现网络切片的关键技术是网络功能虚拟化（NFV）和软件定义网络（SDN）。NFV 通过 IT 虚拟化技术实现网络功能的软件化，运行在通用硬件设备上，替代传统的专用网络硬件设备。SDN 将网络基础设施层与控制层分离，使网络可以灵活部署、管理和编程。

2. 毫米波

随着接入无线网络的设备数量的增加，频谱资源稀缺的问题日益突出。在极窄的频谱内共享有限的带宽，会极大地影响用户体验。无线传输速率的提高一般是通过提高频谱利用率或者增加频谱带宽来实现的，毫米波技术属于后者。毫米波是指波长为 1 ～ 10 mm 的电磁波，频率为 30 ～ 300 GHz，大致位于微波和远红外波的重叠波长范围内，因此具有两种光谱的特性。根据通信原理，载波频率越高，可实现的信号带宽越大。以 28 GHz 和 60 GHz 两个频段为例，28 GHz 的可用信号带宽可达 1GHz，60 GHz 的可用信号带宽可达 2 GHz。使用毫米波段，频谱带宽可以比 4G 提高 10 倍，传输速率会更快。

3. 基站

毫米波技术的缺陷是穿透性差，衰减大，所以要让毫米波频段的 5G 通信在高楼多的环境下传输并不容易，小基站会解决这个问题。由于毫米波的频率高、波长短，意味着它的天线尺寸可以做得非常小，这是部署小型基站的基础。大量的小基站可以覆盖大基站达不到的外围通信。在 250 米左右的距离部署小型基站，运营商可以在每个城市部署数千个小型基站，形成一个密集的网络，每个基站可以接收其他基站的信号，并向任何位置的用户发送数据。小基站不仅规模比大基站小，功耗也大大降低。

4. 大规模 MIMO

4G 基站仅有十几根天线，但 5G 基站可以支持上百根天线。这种天线根据规模性 MIMO 技术性产生规模性天线阵型，能同时向更多用户推送和发射信号，同时将移动互联网的容量提高数十倍乃至更高。规模性 MIMO 开启了无线通信的新方向，当传统式系统使用时域或时域为用户之间实现资源共享时，规模性 MIMO 则导进了空间域的新途径，基站选用很多天线然后进行同步解决，可以同时在频带经济效益与能源利用效率方面取得几十倍的增益值。

5. 波束成形

规模性 MIMO 技术为 5G 大幅上升容量，与此同时，其多天线的特征也必定会带来更多影响，波束成形可以解决这一问题的核心。高效地操纵这种天线，让它发出来的无线电波和空间上相互之间相抵或是提高，就能形成一个窄小的波束天线，从而使有限的资源动能集中在特定方向中传输，不但传输间距更长远，并且防止了信号的干扰。波束成形还能够提高频带的使用率，根据这一技术性我们能从各个天线传输更多信息。针对大规模天线通信基站群，我们甚至能通过信号解决优化算法算出信号传输的最佳路径和移动智能终端位置。因而，波束成形能解决毫米波通信信号被阻碍物阻拦、长距离损耗问题。

6. 全双工

5G 的另一大特点是全双工技术。全双工技术是指机器的调频发射机和接收器占有同样的频率资源，工作中使通信的两边应用同样的次数，达到了已有的频分双工（FDD）和时候双工（TDD）

模式的半双工缺点，这也是通信连接点完成远程数据传输的关键所在之一，同时也是5G所需要的高吞吐量和低延时的关键技术。

（二）蓝牙传输技术

蓝牙技术是一种无线数据和语音通信开放的全世界标准，这是根据低成本的近距离无线网络连接，为固定不动和移动设备构建通信环境中的一种特殊的近距离无线网络连接技术。在虚拟现实技术技术的传输数据中，蓝牙技术用到最经常。

蓝牙 5.0 是通过蓝牙技术同盟所提出的蓝牙技术规范，蓝牙 5.0 对于低能耗系统在速度上有明确的提高和改进，它融合 WiFi 对室内位置进行精准定位，提升了传输速率，增强了合理工作距离。蓝牙 5.0 技术主要有以下特性。

①针对低功耗设备，蓝牙 5.0 有着更广的覆盖范围和相较于 4 倍的速度提升。低功耗设备可以减少能量消耗，同时带来更好的传输性能。

②蓝牙 5.0 中加入室内定位辅助功能，结合 WiFi 可以实现精确到小于 1 米的室内定位。

③低功耗模式传输速度上限为 2Mbit/s，是之前 4.2 版本的 2 倍。

④有效工作距离可达 300 米，是之前 4.2 版本的 4 倍。

⑤添加导航功能，可以实现 1 米的室内精确定位。

⑥可兼容老版本，特别是针对移动端进行低功耗优化。

（三）WiFi 传输技术

WiFi 是一种容许电子器件设备传送到一个无线局域网（WLAN）的技术，通常使用 2.4 GHz 特高频（UHF）或 5GHz 超高频率（SHF）微波射频频率段。传送到无线局域网一般是有密码锁的，但也能是开放的，容许一切在 WLAN 范围之内设备进行连接。如今 WiFi 互联网关键工作频率为 2.4 GHz 和 5GHz，其中速度分成 A、B、G、N、AC。

现阶段最新 WiFi 技术为 WiFi 6，WiFi 6 关键用了正交和频分多址（OFDMA）、多客户 - 多输入多输出等技术，MU-MIMO 技术容许路由器与好几个设备同时通信，而非依次通信。MU-MIMO 容许路由器一次与 4 个设备通信，WiFi 6 将允许与高达 8 个设备通信。WiFi 6 运用 OFDMA 和发送波束成形技术提高工作效率和网络容量，最大速度达到 9.6 Gbit/s。

WiFi 6 里的一项新技术是容许设备规划和路由器的通信，降低了维持无线天线插电以传送和搜索信号所需的时间，这也就意味着减少充电电池耗费和提高电池续航能力。

虚拟现实技术是多种技术综合，以上简要介绍了几种有关的关键技术，实际上有关的技术还有一些，如系统集成技术。因为虚拟现实系统中包括大量认知信息和实体模型，因而系统集成技术起着重要的作用，集成化技术包含信息的同步技术、模型校准技术、数据交换技术、鉴别与生成技术等。

第三章 虚拟现实技术的相关软件

第一节 三维建模软件

大家生活在三维世界中，选用二维图纸来表现几何形体看起来不够、真实。三维建模技术发展更加成熟的运用影响了这类现况，促使产品外观设计实现了从二维到三维的飞越，且终将越来越多地取代二维图纸，最后成为工程领域的通用技术。因而，三维建模技术性成为工程技术员所需要具备的基本技能之一。三维建模务必依靠专业软件去完成，这些软件常被称作三维建模系统软件。各种各样三维建模手机软件尽管作用、操作模式有所不同，但基本概念相近，学会使用一种三维建模软件后，深入学习第三方软件将很容易。

一、3ds Max

3ds Max 是很平民化并被广泛应用的制图软件，这是现阶段全世界销量较大的三维建模、动画及渲染手机软件，广泛应用于视觉效果、人物角色动画及手机游戏开发行业。这是 AutoDesk 企业开发出来的三维建模、渲染及动画制作的 App，在众多制图软件中，3ds Max 是许多人的最佳选择，因为它对硬件的规定不太高，能稳定运行在 Windows 电脑操作系统上，非常容易把握。

（一）3ds Max 介绍

3ds Max 是通过 Autodesk 公司旗下的 Discreet 分公司发布的三维动画编辑软件。因其灵便的操作方式、强悍的动画性能和极强的外挂软件能力在诸多手机软件中突围，更以其简单易用而受到广大用户的五星好评。3ds Max 广泛应用于广告宣传、影视剧、工业产品设计、建筑规划设计、多媒体设计、手机游戏、辅助学习及工程项目数据可视化等行业，并和虚拟现实软件全方位适配。

3ds Max 在产品外观设计中，不仅能做出真实效果，而且能模拟出产品使用时的工作环境动画，既形象化又省力。3ds Max 有三种建模方式：Mesh（网格）建模、Patch（面片）建模和 Nurbs 建模。大家最经常采用的是 Mesh 建模，它能够形成多种形状。

3ds Max 的渲染作用也挺强劲，而且能连接外挂软件渲染器，可以渲染出很真实效果及现实中看不见的效果。

与其他建模软件相比，3ds Max 具有以下优势：

（1）它有非常好的性能价格比，而且对硬件系统的要求相对来说很低，一般 PC 普通的配置就可以满足学习的要求。

（2）它的制作流程非常简洁，制作效率高，对于初学者来说很容易学习。

（3）它在国内外拥有最多的使用者，便于大家交流学习心得与经验。

（二）3ds Max 的操作界面

3ds Max 的界面主要由菜单栏、主工具栏、命令面板、工作视图、视图控制区、轨迹栏、动画控制区、状态提示区和 Max 命令输入区 9 大部分组成。各部分的功能如下。

1. 菜单栏

菜单栏位于屏幕上方，共有 14 个菜单项。

（1）文件

该菜单项中的命令主要完成文件的打开、新建、存储、导入、导出和合并等操作。

（2）编辑

该菜单中的命令主要完成对场景中的物体进行复制、克隆、删除和通过多种方式选择物体等功能，并能撤销或重复用户的操作。

（3）工具

该菜单中的命令主要完成对场景中的物体进行镜像、阵列、对齐、快照和设置高光点等操作。

（4）组

用于将场景中选定的物体进行组合，作为一个整体进行编辑。其中包括成组、解组、打开组、关闭组、附加、分离和炸开等操作。

（5）视图

用来控制 3ds Max 工作视图区的各种特性，包括视图的布局、背景、栅格显示设定、视图显示设定和单位设定等功能。

（6）创建

用于在场景中创建各种物体，包括三维标准基本几何体、三维扩展基本几何体、AEC 建筑元件物体、复合物体、粒子系统、NURBS 曲面、二维平面曲线、灯光、摄影机、辅助物体和空间扭曲等。

（7）修改器

提供对场景中的物体进行修改加工的工具，其中包括选择修改器、面片 / 曲线修改器、网格修改器、运动修改器、NURBS 曲面修改器和贴图坐标修改器等功能。

（8）Reactor（反应堆）

Reactor 的功能十分强大，它使用户能够控制运动物体来模仿复杂的物理运动。在该菜单中可以完成 Reactor 物体的创建、编辑和预演等操作。

（9）动画

该菜单提供制作动画的一些基本设置工具，包括 IK 节点的设定、移动控制器、旋转控制器、缩放控制器和动画的预览等。

（10）图表编辑器

该菜单提供用于管理场景及其层次和动画的图表窗口。

（11）渲染

该菜单主要提供渲染、环境设置、效果设定、后期编辑、材质编辑和光线追踪器设定等许多功能，且新增若干关于预览和内存管理的功能。

（12）自定义

该菜单提供定制用户界面，自定界面的加载、保存、锁定和转换等操作，还可以完成视图、路径、单元和栅格的设置功能。

（13）Max Script（脚本）

该菜单主要提供在 3ds Max 中进行脚本编程的功能，包括脚本的新建、打开、保存、运行和监测等功能，而且 6.0 版本以后还新增了 Visual Max Script 可视化脚本编程功能。

（14）帮助

该菜单提供帮助信息，包括 3ds Max 的使用方法、Max Script 脚本语言的参考帮助和附带的实例教程等。

2. 主工具栏

主工具栏中的按钮包括历史、对象链接、选择控制、变换和修改、操作控制、捕获开关、常用工具、常用编辑器和渲染。工具栏中有许多按钮，你可以把鼠标指针放在主工具栏的空白处，鼠标指针就变成了一只小手，拖动鼠标移动工具栏。

3. 工作视图区

工作视图区由 4 个视图组成，依次为顶视图、左视图、前视图和透视视图。

4. 命令面板

命令面板是 3ds Max 中最重要的部分，提供物体的创建、修改，层级动画的编辑等操作。命令面板一共由 6 个子面板组成，依次是“创建”面板、“修改”面板、“层级”面板、“运动”面板、“显示”面板和“实用工具”面板，并且以选项卡的形式组织，通过单击这些选项卡可以进入相应的命令面板，有的面板还包括子面板。

5. 视图控制区

视图控制区共由 8 个按钮组成，用来调整观察角度和观察位置，以便从最佳的角度观察物体。

6. 轨迹栏

在 3ds Max 中制作动画以帧为单位，但在制作时并不需要将每一帧都制作出来，而是将决定动画内容的几个主要帧确定下来，然后由系统通过在这几个帧的中间进行插值运算，自动得到物体在其他帧中的状态，从而得到连续的动画，习惯上将这几个主要的帧称为关键帧。

轨迹栏位于工作视图区域的下方，包括两个部分。上部称为时间滑块。拖动时间滑块时，可以指示当前帧号，方便定位帧。单击时间滑块两侧的按钮，逐帧移动滑块。下面的部分叫作关键帧指示条，可以清楚的知道关键帧的总数和每个关键帧的位置。最右边的数字表示当前动画中的总帧数。如果在第20帧的位置定义了一个关键帧，那么在关键帧指示栏的第20帧的位置会出现一个黑色的标记，表示该帧是一个关键帧。

7. 动画控制区

动画控制区在视图控制区的左侧，主要提供动画录制开关按钮和一些播放动画的控制工具，可以完成动画时间和播放特性的一些设置。

8. 状态提示区

状态栏位于界面底部，X、Y、Z三个显示框提供了当前对象的位置信息，在编辑对象时也可以提供相应的编辑参数。另外，下面的状态提示栏可以实时提供下一步操作。

9. Max命令输入区

该区域位于界面左下角，用于输入简单的MaxScript脚本语句并编译执行，而复杂的语句则通过脚本编辑器完成。

二、Maya

Maya是美国Autodesk公司出品的世界顶级三维动画软件，应用对象为专业影视广告、人物动画、电影特技等。Maya功能完善，操作灵活，易学易用，制作效率高，真实感渲染强，是电影级别的高端制作软件。

Maya集成了Alias和Wavefront最先进的动画和数字特效技术。它不仅包括一般三维和视觉效果制作的功能，还结合了最先进的建模、数字布料模拟、头发渲染和运动匹配技术。Maya可以在Windows NT和SGI IRIX操作系统上运行。Maya是当前市场上用于数字和3D制作工具中的首选解决方案。

（一）Maya软件的3D建模功能

Maya软件是使制作者可以从容应对角色创建和数字动画制作的挑战，为制作者提供基于强大的可扩展CG流程核心，而打造出功能丰富的集成式3D工具。Maya软件的3D建模功能包括以下10个方面：

1. 形状创作工作流（增强功能）

借助更加完整的工作流，为角色装备提供艺术指导。借助全新的姿势空间变形工具集、混合变形UI和增强的混合形变变形器，制作者能够更精确、更轻松地实现想要的效果。

2. 对称建模（增强功能）

借助镜像增强功能和工具对称改进，可更加轻松地进行对称建模。借助扩展的工具对称，制作者可以胸有成竹地实现完全无缝的网格。

3. 全新雕刻工具集

以更艺术和直观的方式对模型进行雕刻和塑形。新的雕刻工具集在以前版本的基础上实现了巨大提升，提供了更高的细节和分辨率。笔刷具备体积和曲面衰减、图章图像、雕刻UV等功能，并支持向量置换图章。

4. 简化的重新拓扑工具集

优化网格以产生更清晰的变形和更好的性能，四边形绘制工具将放松和调整功能与软选择和交互式边延伸工具集成。

5. 多边形建模

享受更可靠的多边形建模。利用高效的图库，可对多边形几何体执行更快速一致的布尔运算操作。使用扩展的倒角工具生成更好的倒角。更深入集成的建模工具包可简化多边形建模工作流。

6. OpenSubdiv 支持

此功能由 Pixar 以开源方式开发，并采用了 Microsoft Research 技术。同时使用平行的 CPU 和 GPU 架构，变形时显著提高了绘制性能。以交互方式查看置换贴图，无需进行渲染。紧密匹配 Pixar 的 RenderMan 渲染器中生成的细分曲面。

7. UV 工具集

借助多线程展开算法和选择工作流，制作者可以快速创建和编辑复杂 UV 网格并获取高质量的结果，轻松切换棋盘和压缩着色器，实现对 UV 分布的可视化。Maya 支持加载、可视化和渲染 UDIM 以及 UV 标记纹理序列，使用 Mudbox 3D 数字雕刻和纹理绘制软件以及某些其他应用程序提供更简化的工作流。

8. 多边形和细分网格建模

利用经实践检验的直观 3D 角色建模和环境建模工具集创建和编辑多边形网格，基于 dRaster 中 NEXT 工具集的技术构建了集成式建模功能集，工具包括桥接、刺破、切割、楔形、倒角、挤出、四边形绘制和切角顶点。制作者可在编辑较低分辨率的代理或框架时预览或渲染平滑细分网格。

多边形和细分网格建模功能还包括：

①真正的软选择、选择前亮显和基于摄影机的选择消隐。

②用于进行场景优化的多边形简化、数据清理、盲数据标记和细节级别工具。

③可在不同拓扑结构的多边形网格之间传递 UV、逐顶点颜色和顶点位置信息。

④基于拓扑的对称工具用于处理已设置姿势的网格。

9. 曲面建模

通过 NURBS 或层次细分曲面，使用相对较少的控制顶点创建在数学上具有平滑性的曲面，为细分曲面的不同区域增加复杂度。借助对参数化和连续性的强大控制能力，实现 NURBS 曲面的附加、分离、对齐、缝合、延伸、圆角或重建。将 NURBS 和细分曲面与多边形网格进行相互转化，使用基于样条线的精确曲线和曲面构建工具。

10. UV、法线和逐顶点颜色

使用简化的创意纹理工作流创建和编辑 UV、法线和逐顶点颜色（CPV）数据，软件、交互式或游戏内 3D 渲染需要额外的数据，多个 UV 集允许针对各纹理通道分别使用纹理坐标。通过实例 UV 集使用单个网格来表示多个对象，针对游戏设计，提供多套可设置动画的 CPV、预照明、用户定义法线以及法线贴图生成。

（二）Maya 和 3ds Max 的区别

现在的 Maya 和 3ds Max 都是 Autodesk 的主力，没有什么区别，只是用途不同。它们之间的区别主要体现在以下四个方面：

1. 工作方向

3ds Max 的工作方向主要面向建筑动画、建筑漫游、室内设计。

2. 用户界面

Maya 的用户界面比 3ds Max 更友好。Maya 是 Alias 公司的产品。Maya 作为 3D 动画软件的后起之秀，深受业界欢迎和喜爱。

3. 软件应用

Maya 软件主要用于动画制作、电影制作、电视栏目包装、电视广告、游戏动画制作等。3ds Max 软件主要用于动画制作、游戏动画制作、建筑效果图、建筑动画等。

4. 功能

Maya 的 CG 功能非常全面，包括建模、粒子系统、头发生成、植物创建、布料模拟等等。可以说 Maya 从建模到动画到速度都很优秀。Maya 主要是为电影和电视应用程序开发的。3ds Max 有大量的插件，可以以最高的效率完成工作。

三、Autodesk 123D

Autodesk 123D 是 Autodesk 公司发布的一套令人惊叹的建模软件。有了它，你只需要给一个物体拍几张照片，它就能轻松自动地生成 3D 模型。有了这个软件，任何人都可以快速轻松地从周围环境中捕捉 3D 模型，制作成电影并上传，甚至可以将自己的 3D 模型制作成实物艺术品，而无需复杂的专业知识。更令人惊讶的是，Autodesk 123D 完全免费，便于人们接触和使用。它有6个工具，包括Autodesk 123D Catch、Autodesk 123D Make、Autodesk 123D Sculpt、Autodesk 123D Creature、Autodesk 123D Design和Autodesk 123D Tinkercad。

（一）Autodesk 123D Catch

Autodesk 123D Catch通过使用云计算的强大功能，可以快速将数码照片转换为逼真的3D模型。任何人只要用一台相机、手机或高级数码单反相机拍摄物体、人物或场景，就可以使用Autodesk 123D将照片转换成生动的三维模型。通过该应用程序，用户还可以在三维环境中轻松捕捉自己的头像或假日场景。同时，这款应用还内置了分享功能，用户可以在移动设备和社交媒体上分享短片和动画。

（二）Autodesk 123D Make

3D模型制作完成后，可以通过Autodesk 123D Make将其制作成对象。它可以将数字3D模型转换成2D切割图案，用户可以使用纸板、木材、布料、金属或塑料等低成本材料将这些图案组装成物体。

（三）Autodesk 123D Sculpt

Autodesk 123D sculpture将我们带入了一个艺术领域，这是我们大多数人不会亲自动手尝试的领域——雕塑。它是一个运行在iPad上的应用程序，可以让每个喜欢创作的人轻松制作自己的雕塑模型，并在上面画画。Autodesk 123D Sculpt内置了许多基本的形状和对象，如圆形和方形、人头模型、汽车、小狗、恐龙、蜥蜴、飞机等等。

使用软件内置的建模工具也比使用石凿和雕刻刀容易得多。通过拉、推、展平、突出等操作，Autodesk 123D Sculpt中的主模型很快就有了非常个性化的外观。接下来，通过操作工具栏底部的颜色和贴图工具，模型不再是单调的石膏灰。此外，模型的背景也可以改变。通过该软件，用户可以将富有想象力的作品带到一个全新的三维领域。这个软件还可以将Sketch Book中创作的作品作为材质图案，打印在那些三维物体的表面上。

（四）Autodesk 123D Creature

Autodesk 123D Creature是一款基于IOS的3D建模软件，可以根据用户的想象创建各种生物模型。无论是现实生活中存在的，还是只存在于想象中的，都可以用Autodesk 123D Creature来创建。用户通过调整和编辑骨骼、皮肤、肌肉和动作来创建各种奇形怪状的3D模型。同时，Autodesk 123D Creature集成了Autodesk 123D Sculpt的所有功能，是一款比Autodesk 123D Sculpt更强大的3D建模软件，对于喜欢思考和动手的用户来说是一个不错的选择。

（五）Autodesk 123D Design

Autodesk 123D Design是一款免费的3D CAD工具。用户可以用一些简单的图形设计、创建和编辑 3D 模型，或者修改现有的模型。使用 Autodesk 123D Design 创建模型就像搭积木一样简单，用户可以随意建模。

（六）Tinkercad

Tinkercad 是一款成熟的网页 3D 建模工具。Tinkercad 有非常贴心的 3D 建模教程，指导用户使用 Tinercad 建模，让用户快速上手。在功能上，Tinkercad 与 123D 系列的另一款产品 123D Design 非常接近，但 Tinkercad 的设计界面明亮可爱，操作也更容易，非常适合小朋友用来建模。

四、医学 3D 建模软件（Materialise Mimics 和 3D-Doctor）

在医学实践中，医学模型的功效已经得到了充分体现。不管是在术前规划还是在与患者沟通的过程中，医学模型都提供了很多便利，医学模型在整个业界得到了广泛的应用。通过快速成型制造技术可以创建准确、真实、有形的模型，人们利用实体模型可以方便地探究和评估患者的情况，更好地了解特定病理，从而做出医学诊断。因此，3D 模型可以说是患者或医疗团队讨论治疗方案的绝佳工具，甚至允许人们在手术前将弯板和植入件安装到模型内。目前，Materialise Mimics 和 3D-Doctor 是医学领域的两种常用建模软件。

（一）Materialis Mimics

Mimics 是由 Materialise 发明的交互式医学图像控制系统，它是一个交互式工具箱，提供断层图像（CT、microCT、MRI……的可视化、分割和提取……）和对象的 3D 渲染。Mimics 为用户提供了许多将 2D 图像转换为 3D 对象的工具，并为他们在不同领域的后续应用提供了链接。

Mimics 为断层图像在以下领域的应用提供了链接：

（1）快速原型制造

（2）可视化

（3）有限元分析

（4）计算流体力学

（5）计算机辅助设计

（6）手术模拟

（7）多孔结构分析

总的来说，Mimics 是一款高度集成且易于使用的 3D 图像生成和编辑软件。可以输入各种扫描数据（CT、MRI），建立 3D 模型进行编辑，然后输出通用 CAD（计算机辅助设计）、FEA（有限元分析）、RP（快速原型）格式，在 PC 上进行大规模数据转换处理。

Mimics 是模块化结构的软件，可以根据用户的不同需求有不同的搭配。

Mimics 的主要优势：

（1）Mimics 界面友好，容易掌握。

（2）快速的分割工具（基于阈值和轮廓）和精确的三维计算保证了快捷的取道精细的三维模型。

（3）Mimics 在 IOS 环境下开发，具有 CE 和 FDA 市场认证。

（4）Mimics 基于市场要求持续开发，每年有两个版本的更新。

（5）当 Mimics 和 3-matic 被联合应用时，用户可以直接在 STL 文件的基础上进行设计和网格操作，无需逆向工程。这使用户可以基于解剖数据改进植入体及设计定制化的植入体和手术导板。

（6）Mimics 的开发商 Materialise 是创新软件和加法制造技术的世界领跑者。

（二）3D-Doctor

3D-Doctor 是美国 Able 软件公司开发的医学三维图形建模系统。自推出以来，该系统已广泛应用于世界一流医院和医疗机构，如斯坦福医学研究中心、挪威国立医院、麻省理工学院、哈佛大学等，并获得了很高的评价。该软件可以运行三维图像分割、三维表面绘制、体绘制、三维图像处理、反卷积、图像配准、自动排队、测量等多种功能。

该系统支持常用的 2D 和 3D 图像格式：DICOM、TIFF、BMP、JPEG、Interfile、PNG、Raw 图像数据等。它还支持等高线和边界数据存储在 SLC，BND，DXF 和 ASCII 文件。通过 3D-Doctor 的通用图像配置和输入模块，可以读取未知格式的图像文件，将 2D 图像序列组织成文件列表，最终构建三维图像。支持 1 位黑白、8 位 /16 位灰度、4 位 /8 位 /24 位彩色图片，具有图像数据类型转换功能。

3D-Doctor 支持 TWAIN 兼容的电影和图片扫描仪。通过扫描胶片并结合 3D-DOCTOR 基于模板的胶片分割功能，只需点击几下鼠标即可获得 2D 断层图像序列。

该系统使用软件提供的工具从 CT、MRI 或其他图像数据源获取三维模型数据，并以 DXF（AutoCAD）、3DS（3D Stutio）、IGES、VRML、STL、波前 OBJ、Rawtriangles 等图像格式输出表面渲染结果和模型数据。

系统可以将每个器官定义为不同的物体，提取物体的边界，利用 3D-Doctor 提供的两种方法，在几分钟内渲染出物体的三维表面，并且可以交互调整材质、颜色、视角等参数。3D-Doctor 支持多个对象同时显示，从而清晰显示复杂结构，有助于临床诊断和手术规划。3D-Doctor 支持多种立体渲染方法：透明（体素透明）、直接对象（仅显示表面体素）和最大密度（仅沿光线方向显示最亮的体素），并且可以在普通 PC 上实时完成。

3D-Doctor 在两个窗口中显示 3D 图像：视图窗口显示 3D 图像中选定的断层图像，剪切窗口显示 3D 图像中所有断层图像的缩略图。用鼠标双击裁剪窗口中的任意缩略图，选择断层图像并将其显示在视图窗口中。使用 3D-Doctor 的调色板，可以将窗口显示调整为伪彩色、红色、绿色、蓝色或灰色。三维表面和三维渲染窗口提供了对象的三维可视化、角度调整和动画控制。

3D-Doctor 提供了一种 3D BASIC 脚本语言，允许用户编写一个类似 BASIC 的图像分析和渲染脚本程序进行自动处理，从而充分方便地使用 3D-Doctor 的高级成像和渲染功能。

对于 3D-Doctor 用户来说，在生成对象的表面或以三维形式呈现它之前，只需用鼠标点击几次来提取对象的边界。简单对象可以使用自动或交互式图像分割功能进行处理，对于复杂情况，可以在图像上绘制训练区域进行智能“对象分割”。

3D-Doctor 使用基于矢量的编辑工具来处理图像、边界、标记点和注释，可以完成绘制对象边界、创建图像注释、修改像素值以及调整或操纵边界的任务。与传统方法相比，该工具使用方便，占用系统资源少。

3D-Doctor 可以将围绕对象以一定角度拍摄的 X 射线重建成类似于 CT 图像、由平行截面组成的三维图像，从而使 X 光机发挥 CT 系统的作用。

3D-Doctor 为三维图像恢复和重建提供了两种高效的反卷积方法：快速最近邻算法和迭代最大熵算法。如果我们知道图像设备的点扩散函数（PSF ），利用 3D-Doctor 的图像恢复功能，很容易恢复出高质量的清晰图像。

3D Doctor 不仅提供先进的可视化功能，还具有对 3D 图像数据进行定量分析和测量的功能。借助 3D-Doctor 的测量工具，我们可以快速得到某一区域内一幅图像的长度、面积、三维表面积、体积、密度和像素直方图。

使用 3D-Doctor 中的自动排列命令，通过最大相似度算法重新排列断层图像。如果我们知道图像中标记的位置，也可以交互地选择标记点并重新排列断层图像。

在两幅相关图像中选择四个以上的控制点可以很容易地实现图像配准。之后，可以通过添加（+）、减去（-）、和、透明度来融合图像。例如，有一幅同一患者的 CT/MR 图像，通过图像配准 / 融合可以很容易地得到一幅信息丰富的新图像。

依托现有图像，根据不同的间隔和方位，对 3DCT/MRI 图像进行重新切片，生成新的图像序列，包括冠状面和矢状面，有助于增强图像的可视性。

3D-Doctor 提供了大量的图像处理功能：图像旋转、方向调整、对比度调整、背景去除、图像合并、线性特征提取、模式识别、分割、图像嵌入和颜色分类。

3D-Doctor 作为世界级的医学影像三维重建和测量分析软件，其特点如下：

（1）3D-Doctor 是一款高级 3D 建模、影像处理和测量软件，支持 MRI、CT、PET、显微镜各种影像数据，可广泛用于科研和工业影像应用。

（2）3D-Doctor 支持灰度图像和彩色图像，包括 DICOM、TIFF、Interfile、GIF、JPEG、PNG、BMP、PGM、RAW 以及其他文件格式。通过这些断层影像，3D-Doctor 能够在 PC 上实时建立表面几何模型和体素渲染模型。

（3）3D-Doctor 能够输出网格模型，包括 STL、DXF、IGES、3DS、OJB、VRML、XYZ 等格式，用于手术规划、仿真、定量分析和快速原型（3D 打印）。

（4）3D-Doctor 软件界面友好，提供简体中文界面。

（5）3D-Doctor 获得美国食品和药品管理局 FDA 的 510K 认证，并在国际上多次获评为顶级医学影像处理软件。

（6）3D-Doctor 目前在全世界被很多组织机构用于医疗、科研、工业和军事各方面的影像处理。

第二节　虚拟现实开发平台

虚拟现实开发平台具有对建模软件制作的模型进行组织显示，并实现交互等功能。目前较为常用的虚拟现实开发平台包括 Unity、VRP、Virtools、Vizard 等。

虚拟现实开发平台可以实现逼真的三维立体影像，实现虚拟的实时交互、场景漫游和物体碰撞检测等。虚拟现实开发平台一般具有以下基本功能。

第一，实时渲染。实时渲染的本质就是图形数据的实时计算和输出。一般情况下，虚拟场景实现漫游则需要实时渲染。

第二，实时碰撞检测。在虚拟场景漫游时，当人或物在前进方向被阻挡时，人或物应该沿合理的方向滑动，而不是被迫停下，同时还要做到足够精确和稳定，防止人或物穿墙而掉出场景。因此，虚拟现实开发平台必须具备实时碰撞检测功能才能设计出更加真实的虚拟世界。

第三，交互性强。交互性的设计也是虚拟现实开发平台必备的功能。用户可以通过键盘或鼠标完成虚拟场景的控制。例如，可以随时改变在虚拟场景中漫游的方向和速度、抓起和放下对象等。

第四，兼容性强。软件的兼容性是现代软件必备的特性。大多数的多媒体工具、开发工具和 Web 浏览器等，都需要将其他软件产生的文件导入。例如，将 3ds Max 设计的模型导入到相关的开发平台，导入后，能够对相应的模型添加交互控制等。

第五，模拟品质佳。虚拟现实开发平台可以提供环境贴图、明暗度微调等特效功能，使设计的虚拟场景具有逼真的视觉效果，从而达到极佳的模拟品质。

第六，实用性强。实用性强即开发平台功能强大。包括可以对一些文件进行简单的修改。例如，图像和图形修改；能够实现内容网络版的发布，创建立体网页与网站；支持 OpenGL 及 Direct3D；对文件进行压缩；可调整物体表面的贴图材质或透明度；支持 360 度旋转背景；可将模拟资料导出成文档并保存；合成声音、图像等。

第七，支持多种 VR 外部设备。虚拟现实开发平台应支持多种外部硬件设备，包括键盘、鼠标、操纵杆、方向盘、数据手套、六自由度位置跟踪器以及轨迹球等，以便让用户充分体验到虚拟现实技术带来的乐趣。

一、Unity

（一）Unity 简介

Unity 是 Unity Technologies 开发的多平台集成游戏开发工具，是一款完全集成的专业游戏引擎。它允许玩家轻松创建交互式内容，如 3D 视频游戏、建筑可视化和实时 3D 动画。它的编辑器运行在Windows和Mac下，可以将游戏发布到Windows Maci Phone、Windows phone 8和Android平台，还可以使用Unity web player插件发布网页游戏，支持Mac和Windows的网页浏览。它的网络播放器也得到Mac widgers的支持。

据不完全统计，目前国内有80%的Android、iPhone手机游戏使用Unity进行开发。例如，著名的手机游戏《神庙逃亡》就是使用Unity开发的。也有《纵横时空》《将魂三国》《争锋Online》《萌战记》《绝代双骄》《蒸汽之城》《星际陆战队》《新仙剑奇侠传Online》《武士复仇2》《UDog》等上百款游戏都是使用Unity开发的。

当然，Unity不仅限于游戏行业，在虚拟现实、工程模拟、3D设计等方面也有着广泛的应用。国内使用Unity进行创建虚拟仿真教学平台、房地产三维展示等项目的公司非常多，例如，绿地地产、保利地产、中海地产、招商地产等大型的房地产公司的三维数字楼盘展示系统很多都是使用Unity进行开发的，较典型的如《Miya家装》《飞思翼家装设计》《状元府楼盘展示》等。

Unity提供强大的关卡编辑器，支持大多数主流3D软件格式，使用C#或JavaScript等高级语言实现脚本功能，让开发者在不了解底层复杂技术的情况下，快速开发出高性能、高质量的游戏产品。

随着IOS、Android等移动设备的普及和虚拟现实在国内的兴起，Unity凭借其强大的功能和良好的便携性，将在移动设备和虚拟现实领域得到广泛的应用和普及。

（二）Unity界面及菜单介绍

下面对Unity最常用的几个面板进行详细说明。

（1）Scene（场景面板）：该面板为Unity的编辑面板，可以将所有的模型、灯光以及其他材质对象拖放到该场景中，构建游戏中所能呈现的景象。

（2）Game（游戏面板）：与场景面板不同，该面板是用来渲染场景面板中景象的。该面板不能用作编辑，却可以呈现完整的动画效果。

（3）Hierarchy（层次面板）：该面板栏主要功能是显示放在场景面板中所有的物体对象。

（4）Project（项目面板）：该面板栏主要功能是显示该项目文件中的所有资源列表，除了模型、材质、字体外，还包括该项目的各个场景文件。

（5）Inspector（监视面板）：该面板栏会呈现出任何对象所固有的属性，包括三维坐标、旋转量、缩放大小、脚本的变量和对象等。

（6）“场景调整工具”：可改变用户在编辑过程中的场景视角、物体世界坐标和本地坐标的更换、物体法线中心的位置，以及物体在场景中的坐标位置、缩放大小等。

（7）“播放、暂停、逐帧”按钮：用于运行游戏、暂停游戏和逐帧调试程序。

（8）“层级显示”按钮：勾选或取消该下拉框中对应层的名字，就能决定该层中所有物体是否在场景面板中被显示。

（9）“版面布局”按钮：调整该下拉框中的选项，即可改变编辑面板的布局。

（10）“菜单栏”和其他软件一样，包含了软件几乎所有要用到的工具下拉菜单。

除了Unity初始化的这些面板以外，还可以通过“Add Tab”按钮和菜单栏中的Window下拉菜单，增添其他面板和删减现有面板。还有用于制作动画文件的Animation（动画面板）、用于观测性能指数的Profiler（分析器面板）、用于购买产品和发布产品的Asset Store（资源商店）、用于控制项目版本的Asset Server（资源服务器）、用于观测和调试错误的Console（控制台面板）。

在“菜单栏”中包含7个菜单选项，分别是File（文件）、Edit（编辑）、Assets（资源）、Game Object（游戏对象）、Component（组件）、Window（窗口）、Help（帮助）。这些是Unity中标准的菜单选项卡，其各自又有自己的子菜单。

二、VRP

VRP是一个虚拟现实平台。VRP适用性强，操作简单，功能强大，可视化程度高。VRP的所有操作都是以艺术家可以理解的方式进行的，没有程序员的参与。如果操作者有较好的3ds Max建模和渲染基础，在VR-Platform平台上稍加学习和研究，就可以快速制作出自己的虚拟现实场景。

（一）VRP简介

VRP可广泛地应用于城市规划、室内设计、工业仿真、古迹复原、桥梁道路设计、房地产销售、旅游教学、水利电力、地质灾害等众多领域，为其提供切实可行的解决方案。

VRP以VRP-Platform引擎为核心，衍生出VRP-Builder（虚拟现实编辑器）、VRPIE3D（互联网平台，又称VRPIE）、VRP-Physics（物理模拟系统）、VRP-Digicity（数字城市平台）、VRP-Indusim（工业仿真平台）、VRP-Travel（虚拟旅游平台）、VRP-Museum（网络三维虚拟展馆）、VRP-SDK（三维仿真系统开发包）和VRP-Mystory（故事编辑器）9个相关三维产品的软件平台。

1. VRP-Builder

VRP-Builder（虚拟现实编辑器）是VRP的核心部分，可以实现三维场景的模型导入、后期编辑、交互制作、特效制作、界面设计和打包发布等功能。VRP-Builder的关键特性包括友好的图形编辑界面；高效快捷的工作流程；强大的3D图形处理能力；任意角度、实时的3D显示；支持导航图显示功能；高效高精度物理碰撞模拟；支持模型的导入导出；支持动画相机，可方便录制各种动画；强大的界面编辑器，可灵活设计播放界面；支持距离触发动作；支持行走相机、飞行相机、绕物旋转相机等；可直接生成EXE独立可执行文件等。

2. VRPIE3D

VRPIE3D（互联网平台）可以将VRP-Builder的编辑结果发布到互联网上，用户可以通过互联网浏览三维场景并与之交互。其特点是无需编程即可快速构建3D互联网世界；支持嵌入Flash和音视频；支持Access、MS SQL和Oracle等数据库；高压缩比；支持物理引擎，动画效果更逼真；全自动无缝升级，与3ds Max无缝连接；支持95%格式文件导入等。

3. VRP-Physics

VRP-Physics（物理模拟系统），简单来说就是计算 3D 场景中物体与场景、物体与角色、物体与物体之间的运动交互和动态特性。在物理引擎的支持下，VR 场景中的模型有了实体。一个物体可以有质量，可以靠重力落地，可以和其他物体碰撞，可以被使用者推动，可以被压力变形，表面有液体流动。

4. VRP-Digicity

VRP-Digicity（数字城市平台）是基于“数字城市”的需求特点，为城市规划和城市管理而开发的三维数字城市仿真平台软件。其特点是建立在高精度的三维场景上；承载海量数据；运行效率高；强大的网络发布功能；让城市规划摆脱死板复杂的二维图纸，让设计和决策更加精准；协助城市规划全生命周期，从概念设计、方案征集到详细设计、审批，再到宣传、监督、社会服务。

5. VRP-Indusim

VRP-Indusim（工业仿真平台）是集工业逻辑仿真、三维可视化虚拟表现、虚拟外设交互等功能于一体的应用于工业仿真领域的虚拟现实软件，其包括虚拟装配、虚拟设计、虚拟仿真、员工培训 4 个子系统。

6. VRP-Travel

VRP-Travel（虚拟旅游平台）可以解决旅游与导游专业教学过程中实习资源缺乏、实地考察成本高等问题。同时可以为导游、旅游策划等专业量身定制，开发适用于导游培训、旅游模拟、旅游策划的功能和模块，方便师生互动导游模拟体验，大大提高旅游教学质量和效果，克服传统教学模式的弊端，吸引学生学习兴趣，增加学生实际操作机会。

7. VRP-Museum

VRP-Museum（网络三维虚拟展馆）是针对各类科技馆、体验中心、大型展览等行业，将其展馆、展品、临时展品移植到互联网上进行展示、宣传、教育的三维互动体验解决方案。网络三维虚拟展厅将成为未来最有价值的展示手段。

8. VRP-SDK

VRP-SDK（三维仿真系统开发包），简单来说，通过 VRP-SDK，用户可以根据自己的需求设置软件界面，设置软件的运行逻辑，设置外部控件对 VRP 窗口的响应，从而将 VRP 的功能提升到一个更高的层次，满足用户在三维仿真各方面的专业需求。

9. VRP-Mystory

VRP-Mystory（故事编辑器）是一款全中文的 3D 应用制作虚拟现实软件。其特点是操作灵活、界面友好、使用方便，就像在玩电脑游戏一样简单；易学易会、无需编程，也无需美术设计能力，就可以进行3D制作。VRP-Mystory支持用户保存预先制作的场景和人物、道具等素材，以便需要时立即调用；支持导入用户自己制作的素材等；用户直接调用各种素材，就可以快速构建出一个动态的事件并发布成视频。

（二）VRP高级模块

VRP高级模块主要包括VRP-多通道环幕模块、VRP-立体投影模块、VRP-多PC级联网络计算模块、VRP-游戏外设模块、VRP-多媒体插件模块。

1. VRP-多通道环幕模块

多通道环幕模块由三部分组成：边缘融合模块、几何矫正模块、帧同步模块。它是基于软件实现对图像的分屏、融合与矫正，使一般用融合机来实现多通道环幕投影的过程基于一台PC机器即可全部实现。

2. VRP-立体投影模块

立体投影模块是采用被动式立体原理，通过软件技术分离出图像的左、右眼信息。相比于主动式立体投影方式的显示刷新提高一倍以上，且运算能力比主动式立体投影方式更高。

3. VRP-多PC级联网络计算模块

采用多主机联网方式，避免了多头显卡进行多通道计算的弊端，而且三维运算能力相比多头显卡方式提高了5倍以上，而PC机事件的延迟不超过0.1毫秒。

4. VRP-游戏外设模块

Logitech方向盘、Xbox手柄，甚至数据头盔、数据手套等都是虚拟现实的外围设备，通过VRP-游戏外设模块就可以轻松实现通过这些设备对场景进行浏览操作，该模块还能自定义扩展，可自由映射。

5. VRP-多媒体插件模块

VRP-多媒体插件模块可将制作好的VRP文件嵌入Neobook、Director等多媒体软件中，能够极大地扩展虚拟现实的表现途径和传播方式。

三、Virtools

Virtools是一套集成软件，可以集成现有的常用文件格式，如3D模型、2D图形或声音效果。Virtools是一套实时3D环境虚拟现实编辑软件，具有丰富的交互行为模块，可以让没有程序基础的艺术家快速制作出许多不同用途的3D产品，如互联网、电脑游戏、多媒体、建筑设计、互动电视、教育培训、仿真和产品展示等。

（一）Virtools构成

Virtools是3D虚拟和互动技术的集成。Virtools由5个部分构成，分别是：创作应用程序、交互引擎、渲染引擎、Web播放器、SDK。

1. 创作应用程序

Virtools Dev 是一个创造性的应用程序，能快速轻松地生成丰富的对话式 3D 作品。通过 Virtools 的行为技术，为符合行业标准的模型、动画、图像、声音等媒体带来活力。

Virtools Dev 无法生成模型。Virtools Dev 不是一个建模工具，但是，简单的媒体，如相机、灯光、曲线、界面组件和 3D 帧（在大多数 3D 应用程序中称为虚拟对象和补间对象）可以通过单击图标来创建。

2. 交互引擎

Virtools 是一个交互引擎，即 Virtools 处理行为。行为是对组件在环境中行为的描述。Virtools 提供了许多可重用的行为模块，图形界面无需编写一行程序代码就可以生成几乎任何种类的交互内容。对于习惯性程序员，Virtools 通过访问 SDK，提供 VSL 语言作为图形编辑器的补充。

Virtools 也有很多管理器，可以帮助交互引擎完成任务。有些管理器（如 SoundManager）在动作引擎外部，有些管理器（如 TimeManager）在动作引擎内部。

3. 渲染引擎

Virtools 的渲染引擎使用户能够在 Virtools Dev 的三维观察窗口中查看图像。Virtools 的渲染引擎可以通过 SDK 替换成自己的或者定制的渲染引擎。需要注意的是，对 Virtools 渲染引擎源代码的访问受附加许可协议的约束。

4. Web 播放器

在成为一种伟大的技术之前，好的技术一定要能被容易理解和接近。Virtools 提供一个能自由下载的 Web 播放器，而且其下载量少于 1MB。Web 播放器包含回放交互引擎和完全渲染引擎。

5. SDK

Virtools Dev 包括一个 SDK，它提供了对行为和渲染的处理。在 SDK 的帮助下，我们可以创建新的交互行为（动态链接库 -DLL 模式），修改现有交互行为的操作，编写新的文件导入或导出插件以支持选定的建模文件格式，替换、修改或扩展 Virtools Dev 渲染引擎（受许可协议约束）。

VSL 在 Dev 中有一个与 SDK 的接口，因此它可以轻松快速地测试新概念并执行自定义编码，而无需运行自定义动态链接库（Dll）。

（二）Virtools 的执行流程

Virtools 的执行流程包含以下步骤：

1. 动态计算

key、morph animation 在一开始执行时会先行计算，即当使用“角色控制器”时，所有其他行为将在它之后开始处理。比如一个有行走动态数据的主角，在开始处理主角的移动位置之前，会计算出主角在帧中应该移动的动作。

2. 处理行为模块

所有可执行的 behaviors 会在这阶段处理，但是无法得知哪一个 behavior 将会优先执行。如果必须强迫某一个 script 较其他 script 先行执行，可以在 Level View 中设定 Priority。

3. 信息传递处理

所有的信息都可以在这个阶段发送和接收，所以信息数据不会在前面的阶段即“处理行为模块”阶段进行处理。例如，当在第 N 个 Frame 使用行为模块“Send Message”时，“Wait Message”将在第 N+1 个 Frame 接收到此信息，所以信息的传送不可能在同一 Frame 中完成。

4. 声音

所有的声音将在此阶段处理。

5. 场景着色

此阶段最耗费 CPU 的资源。

四、Vizard

Vizard 软件是一款由美国 WorldViz 公司推出的虚拟现实开发平台。该平台提供了丰富的功能模块，用户能够快速开发出应用于各种场合的原型系统。相对于其他虚拟现实开发平台，Vizard 软件更容易上手，不需要丰富的编程经验，即使没有受过专业编程训练的人员也能够快速实现各种简单的三维交互场景。

在核心技术上，Vizard 软件的图形渲染引擎是基于 C/C++ 实现的，并且运用了最新的 penGL 扩展模块。它将复杂的三维图形功能进行了抽象化的封装，并通过 Python 脚本语言提供给用户一定的编程接口。因此，对于熟悉 OpenGL 的程序员来说，能够惊喜地发现该平台对底层功能封装的完整性以及接口设计的简洁性；对于不熟悉 OpenGL 的人员来说，也能够体验到 Vizard 软件高效的绘制引擎为程序带来的运行效率的提升。

当用户运用Python语言开发并执行程序时，Vizard软件自动将程序转换为字节码抽象层，进而调用硬件渲染器。因此，Vizard 软件能够在运行过程中充分利用现有图形处理器（GPU）的硬件优势。

（一）Vizard 软件的开发特点

用户既可以将 Vizard 看作一个集成开发环境（IDE），也可以将其看作基于 Python 语言的高级图形开发包。作为集成开发环境，它极大地简化了维护多媒体素材的工作量，提供了实时的场景预览和场景调节功能，而且提供了一系列代码调试工具。作为高级图形开发包，它将复杂的图形处理功能封装为一系列Python脚本函数，极大地简化了项目开发的工作量。Vizard软件的主要开发特点包括以下几个方面。

1. 用户能够快速创建三维虚拟场景

这是因为Vizard软件能够支持各种三维模型的文件格式，包括（.wrl）VRML2/97文件格式、（.fit）Open Flight文件格式、（.3ds）3ds Max文件格式、（.txp）支持多线程页面调度的TerraPage文件格式、（.geo）Carbon Graphics文件格式、（.bsp）Quake3 world layers文件格式、（.md2）Quaker动作模型文件格式、（.ac）AC3D文件格式、（.obj）AIias Wavefront文件格式、（.low/lw）Light Wave文件格式、（.pfb）Performer文件格式、（.osg）OSG模型文件格式、（.x）Direct3D文件格式以及（.3dc）点云文件格式等。

2. 用户能够实现具有沉浸感的虚拟现实项目

这是因为Vizard软件可以兼容许多交互式硬件。它可以支持头盔显示器、3D液晶眼镜和自动立体显示器等各种显示设备，它可以支持市面上大多数跟踪和定位设备，它还可以支持各种数据手套、触觉设备、力反馈设备和其他兼容微软DirectlnputTM的游戏键盘和操纵杆。Vizard软件还可以支持高质量的立体声输出，实现多用户分布式网络交互。

3. 用户能够在虚拟场景中应用各种多媒体资源

这是因为Vizard软件能够支持各种多媒体文件格式。Vizard软件能够支持的声音模式包括：单声道、双声道、立体声。Vizard软件能够支持的声音文件格式包括：.wav、.mp3、.au、.wma、.mid，以及其他所有与DirectShow兼容的文件格式。Vizard软件能够支持的图像文件格式包括：rgb/rgba、dds、tga、gif、bmp、tif、jpg、pic、pnm/.pgm/.pbm.png以及jp2（jpeg2000）等。

4. 用户能够在虚拟场景中添加各种任务角色，并控制其动作行为

Vizard软件的动作引擎能够在一个项目中支持上百个人物角色，它采用.cfg（Cal3D文件格式）的角色模型存储格式。用户可以采用3ds Max Character Studio中的两足动物骨骼模型设计人物角色，然后将其导出为.cfg文件格式，这样就可以直接用于Vizard开发。Vizard软件还提供了特有的人物面部和身体动作编辑器，能够设计人物的各种表情和动作特征。在程序运行时，Vizard软件中的动作变形控制模块能够对各种面部表情和人物动作进行平滑过渡，使其动作具有真实感。除了自己设计人物角色外，WorldViz公司也出售各种人物角色库。

5. 用户在Vizard平台中采用Python语言进行程序开发

Vizard软件采用Python2.4版作为其核心编程模块，这是一种面向对象的解释型编程语言，因此当用户对程序进行修改后，可以立即运行并观察效果，而无需重新编译。一个完整的基于

Vizard 软件的工程项目只包含 Python 脚本文件和相关的媒体资源，这种组织形式能够较好地实现协同工作和数据共享。

（二）Vizard 软件的开发环境

使用Vizard软件的集成开发环境，用户可以完成的操作包括：为项目编写并执行脚本代码，检查和浏览项目中的多媒体素材，通过拖放的方式为项目快速添加多媒体素材，在程序调试过程中发送指令等。

Vizard 开发环境的界面包括 5 个主要的窗口：右上方的窗口是脚本编辑窗口，用于程序员编辑程序代码；左上方的窗口是资源列表窗口，它以列表的形式显示当前项目中的所有资源；左侧中间的窗口为属性窗口，当用户在资源列表窗口中单击某一项资源后，属性窗口中会显示出它的具体属性；左下方窗口为资源浏览窗口，当用户在资源列表中双击某一项资源后，用户可以在资源浏览窗口中进行详细浏览，可以浏览的内容包括三维模型、图形图像、视频音频等，该窗口还能够对整个项目的“舞台（stage）”进行浏览；右下方窗口为交互窗口，用户可以利用此窗口在程序运行过程中实时发送指令。

利用 Vizard 集成开发环境可以完成的主要功能包括：

1. Python 脚本文件的打开

用户可以选择下面三种方法：⑴在 Vizard 软件中选择菜单“FILE|OPEN”查找需要打开的文件；⑵在系统资源管理器中右键单击需要打开的文件，并选择“EDIT”；⑶将需要打开的文件拖拽到 Vizard 界面的脚本编辑窗口。

2. Python 脚本程序的执行

用户可以选择下面三种方法：⑴单击 Vizard 工具栏中的运行按钮，这种方式能够运行脚本编辑窗口中当前编辑的文件；⑵在 Vizard 软件中单击 F5 键；⑶在资源管理器中双击某个脚本文件。

3. Python 脚本程序运行时的刷新

当用户在某个 Vizard 脚本程序正在运行时修改了它的脚本文件，用户可以直接单击运行按钮对运行程序进行刷新，而无需提前将其关闭，这一点是 Vizard 开发环境与 Windows Visual Studio 开发环境的区别。这种运行方式的特点在于：Vizard 开发环境只更新运行程序的脚本代码，而不用重新载入相关的多媒体资源（三维模型、图像等）。这样，用户就能够快速观察程序的运行效果，无需等待多媒体文件的载入，从而提高工作效率。需要注意的是，这种程序刷新方式要求用户不能修改场景中媒体资源的结构，只能修改代码的执行逻辑，否则程序可能出现异常。遇到这种情况，用户可以先关闭脚本程序，然后重新运行。

4. Python 脚本程序工作目录的设定

每个脚本程序所在的目录为其工作目录，Vizard 软件会自动跟踪每个脚本程序的工作目录。在默认情况下，Vizard 软件会在脚本程序的工作目录中查找到所需的多媒体素材。所以，只要用户将多媒体素材放在程序的工作目录中，在编写程序时就无需提供素材的绝对路径。

上述只是列出了一部分虚拟现实开发平台，随着虚拟现实技术的日益成熟，人们对虚拟现实体验感的追求会越来越高，而各种虚拟现实开发平台也会不断提升各种功能以满足人们的需求。

第三节　虚拟现实开发常用脚本编程语言介绍

脚本语言是为了缩短传统的编写—编译—链接—运行过程而创建的计算机编程语言，一个脚本通常是解释运行而非编译运行。目前的许多脚本语言都超越了计算机简单任务自动化的领域，已经成熟到可以编写复杂而精巧的程序。在许多方面，高级编程语言和脚本语言之间互相交叉，二者之间没有明确的界限。脚本文件在 Internet 网页开发中十分流行，它虽然没有程序开发语言那样复杂的结构，掌握起来也比较容易，但它本身的功能相当强大。本节将对虚拟现实开发中几种常用的脚本编程语言进行介绍。

一、C#

虚拟现实开发平台 Unity 提供了三种可供选择的脚本编程语言：JavaScript、C# 以及 Boo。尽管它们各有各的优势与不足，但通常 C# 为多数开发者的首选。

C# 是一种面向对象的编程语言，主要用于开发可以在 NET 平台运行的语言系统。而 C# 这几年的兴起，也说明 C# 语言的简洁、现代、面向对象、类型安全等特点正在被更多的人认可。

C# 是微软设计的一种编程语言。它是源自 C 和 C++。重要的是，作为一种现代编程语言，C# 在类、命名空间、方法重载和异常处理方面消除了 C++ 中的许多复杂性，并借鉴和修改了 Java 的许多功能，使其更易于使用，更不容易出错，并且可以与 .NET 框架结合。

C# 有以下突出的特点：

（一）简单性

语法简洁，不允许直接内存操作，去掉了指针操作。

没有指针是 C# 的一个显著特点。默认情况下，当用户使用可控代码时，一些不安全的操作，如直接内存访问，将是不允许的。

在 C# 中，不再需要记住来自不同处理器结构的数据类型，比如变长整数类型。C# 在 CLR 级别统一了数据类型，因此不同的语言具有相同的类型系统。无论是初始数据类型还是完整的类，你都可以将每种类型视为一个对象。

整数和布尔数据类型是完全不同的类型。这意味着“if”判别的结果只能是布尔数据类型，如果是其他类型，编译器会报错。混淆比较和赋值的错误不会再发生。

（二）现代性

很多必须由用户自己实现或者干脆不用传统语言实现的功能，已经成为基本 C# 实现的一部分。金融类型是企业编程语言的一种流行的附加类型。用户可以使用新的十进制数据类型进行货币计算。

安全性是现代应用程序的首要要求。C# 通过代码访问安全机制确保安全性。根据代码的身份来源，可以分为不同的安全级别，不同级别的代码在调用时会受到不同的限制。

（三）面向对象

彻底的面向对象设计。C# 拥有面向对象语言的所有关键特征：封装、继承和多态。C# 的整个类模型都是基于 .NET 虚拟对象系统（VOS），它是基础设施的一部分，而不是编程语言的一部分——它们是跨语言的。

C# 中没有全局函数、变量或常量。所有的东西都必须封装在一个类中，要么作为实例成员（通过类的实例对象访问），要么作为静态成员（通过类型访问），这样会让用户的 C# 代码可读性更好，减少命名冲突的可能性。

多重继承的优缺点一直是面向对象领域有争议的话题之一。但是在实际开发中很少用到。大多数情况下，多个基类派生带来的问题比这个方法能解决的问题更多，所以 C# 的继承机制只允许一个基类。如果需要多重继承，用户可以使用接口。

（四）类型安全性

用户在 C/C++ 中定义指针时，可以自由地指向任何类型，包括做一些相当危险的事情，比如将整数指针指向双精度数据。只要内存支持这个操作就行，这肯定不是用户所设想的企业编程语言类型的安全性。相比之下，C# 实现了最严格的类型安全机制来保护自己及其垃圾收集器。所以程序员必须遵守一些关于变量的规则，比如不使用未初始化的变量。对于对象的成员变量，编译器负责将它们归零。局部变量的使用者应该对自己负责。如果使用了未初始化的变量，编译器会提醒用户。这样做的好处是，用户可以摆脱使用未初始化变量得到荒谬结果的错误。

边界检查。当数组实际上只有“n-1”个元素时，不可能访问它的“额外”数据元素“n”，这使不可能重写未分配的内存。

算术溢出检查。C# 允许在应用程序级别或语句级别检查此类操作中的溢出，当溢出发生时会出现异常。

C# 中传递的引用参数是类型安全的。

（五）版本处理技术

因为 C# 语言本身内置了版本控制功能，使开发人员更加容易开发和维护。

在过去的几年里，几乎所有的程序员都和所谓的“DLL 地狱”打过交道。出现此问题是因为许多计算机安装了同一 DLL 的不同版本。“DLL”是动态链接库的缩写，是编译成二进制机器码的函数库。DLL 在调用程序运行时被调入内存执行，而不是在编译时链接到可执行程序，这样就可以在二进制级别共享程序代码，而无需在每个应用程序中编译一个副本。如果更新了 DLL 中的代码，所有使用该 DLL 的程序只能通过替换 DLL 文件来更新。但同时，这也带来了 DLL 文件版本的问题。不同版本的 DLL 可能与不同的调用程序不兼容，同一版本的 DLL 无法同时服务于不同的调用程序，导致应用程序出现意外错误，或者不得不更改文件名以在用户计算机中保存同一 DLL 的多个版本。这种混乱状态被称为“DLL 地狱”。C# 尽全力支持这种版本处理功能。虽然 C# 本身不能保证提供正确的版本处理结果，但它为程序员提供了这种版本处理的可能性。有了这种适当的支持，开发人员可以确保当他开发的类库升级时，它将在二进制级别上保持与现有客户端应用程序的兼容性。

二、JavaScript

JavaScript 是一种动态、弱类型、基于原型的语言。JavaScript 在设计之初受到 Java 启发的影响，语法上与 Java 有很多类似之处，并借用了许多 Java 的名称和命名规范。

（一）JavaScript 简介

JavaScript 主要运行在客户端。当用户用 JavaScript 访问网页时，网页中的 JavaScript 程序被传递给浏览器，浏览器对其进行解释和处理。交互功能，比如表单数据验证都是在客户端完成的，不需要和 Web 服务器进行任何数据交换，所以不会增加 Web 服务器的负担。

JavaScript 具有如下特点。

1. 简单性

JavaScript 是一种脚本语言，利用小程序段实现编程。和其他脚本语言一样，JavaScript 是一种解释性语言，所以 JavaScript 编写的程序不需要编译，而是在程序运行过程中逐行解释。JavaScript 基于 Java 基本语句和控制流，对于学过 Java 的程序员来说入门非常容易。此外，它的变量类型是弱类型的，并且不使用严格的数据类型安全检查。

2. 安全性

JavaScript 是一种安全性很高的语言。它不允许程序访问本地硬盘资源、在服务器中存储数据、修改或删除网络文件，只能通过浏览器实现网络访问和动态交互，有效保证了数据的安全性。

3. 动态交互性

JavaScript 可以直接响应客户端用户提交的信息，而不需要向 Web 服务程序发送请求并等待响应。JavaScript 的响应是事件驱动的。当在页面中执行一个操作时，会产生一个特定的事件，比如移动鼠标、调整窗口大小等，并将触发相应的事件响应处理程序。JavaScript 的出现使用户与信息的关系不再是浏览和展示的关系，而是一种实时、动态、互动的关系。

4. 跨平台性

JavaScript 是一种依赖浏览器本身的编程语言，其运行环境与操作系统和机器硬件无关。只要是支持 JavaScript 的浏览器（如 Internet Explorer、Firefox、Chrome 等）安装在机器上并能正常运行，JavaScript 程序就能正确执行。

（二）JavaScript 常用元素

JavaScript 作为一种脚本语言，它有自己的常用元素，如常量、变量、运算符、函数、对象、事件等。具体定义如表 3-1 所示。

表 3-1 JavaScript 常用元素及定义

常用元素	定义
常量	在程序中的数值保持不变的量。
变量	在程序中，值是变化的量，它可以用于存取数据、存放信息。对于定义一个变量，变量的命名必须符合命名规则，同时还必须明确该变量的类型、声明以及作用域等。变量有 4 种简单的基本类型：整型、字符、布尔实型。
运算符	在定义完变量和常量后，需要利用运算符对这些定义的变量和常量进行计算或者其他操作。
函数	在程序开发中，程序员开发一个大的程序时，需要将一个大的程序根据所要完成的功能块，划分为一个个相对独立的模块，像这样的模块在程序中被称为“函数”。在 JavaScript 中，一个函数包含了一组 JavaScript 语句。一个 JavaS-cript 函数被调用时，表示这一部分的 JavaScript 语句将执行。
对象	JavaScript 是一种基于对象，但不完全是面向对象的脚本语言。因为它不支持分类、类的继承和封装等基本属性。
事件	JavaScript 是一种基于对象的编程语言，所以 JavaScript 的执行往往需要事件的驱动，例如：鼠标事件引发的一连串动作等。

三、OpenGL

OpenGL 英文叫 Open Graphics Library，即开放图形库。它为程序开发者提供了一个图形硬件接口，是一个强大而方便的三维图形函数库。OpenGL 适用于各种计算机，从普通 PC 到大型图形工作站，可以兼容各种主流操作系统，从而成为主流的跨平台专业 3D 图形应用开发包，进而成为该领域的行业标准。

（一）OpenGL 简介

OpenGL 本身不是一种编程语言，它是计算机图形与硬件之间的一种软件接口。它包含了 700 多个函数，是一个三维空间的计算机图形和模型库，程序员可以利用这些函数方便地构建三维物体模型，并实现相应的交互操作。虽然 OpenGL 由 SGI 公司创立，但目前 OpenGL 标准由 OpenGL 系统结构审核委员会（ARB）以投票方式产生，并制成规范文档公布，各软硬件厂商据此开发自己系统上的实现。ARB 每隔四年举行一次会议，对 OpenGL 的规范进行改善和维护。

（二）OpenGL 的主要功能

OpenGL 作为一种性能优越的图形应用编程接口（API），独立于硬件和窗口系统，可以在各种操作系统的计算机上使用，可以在网络环境下以客户机 / 服务器模式工作。是专业图形处理、科学计算等高端应用领域的标准图形库。OpenGL 在开发 3D 图形应用程序的过程中具有以下功能：

1. 模型构建

OpenGL 通过点、线、多边形等基本图元绘制复杂物体。因此，OpenGL 提供了丰富的基本图元绘制功能，可以方便地绘制三维物体。

2. 基本变换

OpenGL 提供了一系列基本的坐标变换：模型变换、分幅变换、投影变换和视口变换。在构建 3D 对象模型之后，模型变换可以使观察者在视点位置观察 3D 对象模型。投影变换的类型决定了三维物体模型的观察方式，不同的投影变换得到的物体场景是不同的；视口变换对模型的场景进行剪切和缩放，决定了整个三维模型在屏幕上的图像。

3. 光照处理

就像自然界中不可或缺的光线一样，需要做相应的光照处理才能画出逼真的三维物体。OpenGL 提供了管理四种光线（辐射光、环境光、镜面光和漫射光）的方法，此外，它还可以指定对象模型表面的反射特性。

4. 物体着色

OpenGL 提供了两种模型着色模式，即 RGB 模式和颜色索引模式。在 RGB 模式下，颜色由 RGB 值直接指定，而在索引模式下，颜色值由颜色表中的颜色索引值指定。

5. 纹理映射

在计算机图形学中，包含颜色、透明度和亮度等数据的矩形数组称为纹理。纹理映射也可以理解为在三维物体模型表面粘贴纹理，使三维物体模型看起来更逼真。OpenGL 提供的一系列纹理映射功能，使开发人员可以非常方便地在物体模型表面粘贴真实图像，从而在视口中绘制出逼真的三维物体模型。

6. 动画效果

OpenGL 能够实现出色的动画效果，它通过双缓存技术来实现，即在前台缓存中显示图像的同时，在后台缓存中绘制下一幅图像；当后台缓存绘制完成后，就显示出该图像，与此同时前台缓存开始绘制第三幅图像，如此循环往复，便可提高图像的输出速率。OpenGL 提供了一些实现双缓存技术的函数。

7. 位图和图像处理

OpenGL 提供了专门函数来实现对位图和图像的操作。

8. 反走样

在 OpenGL 图形绘制过程中，由于使用的是位图，因此绘制出的图像的边缘会出现锯齿形状，这样为走样。为此，OpenGL 中还提供了点、线、多边形的反走样技术。

（三）OpenGL 的函数库

OpenGL 的库函数由核心库、实用库、辅助库以及专用库四类组成。

1. 核心库

核心库提供了 OpenGL 最基本的一些功能，由 115 个库函数构成。每个函数都以“gl”开头，可以用这些函数来构建各种各样的形体，产生光照效果，进行反走样纹理映射以及投影变换等。由于这些核心函数有许多种形式并能够接收不同类型的参数，实际上这些函数可以派生出三百多个函数。

2. 实用库

实用库是对核心库函数的进一步封装和组织，为开发者提供比较简单的函数接口和用法，以此来减轻编程负担。该库中包含 43 个函数，每个函数以“glu”开头，它们可以在任何 OpenGL 的工作平台上应用。可以用这些函数实现纹理映射、坐标变换、多边形分化，也包含绘制一些如椭球、圆柱、茶壶等简单多边形实体的函数。

3. 辅助库

这些功能主要是为初学者做简单练习而设置的。这些功能使用起来很简单。它们可以用于窗口管理、输入输出处理和一些简单的三维形状，但不能在所有的 OpenGL 平台上使用。这些函数可以在 Windows NT 环境中使用。都是以“aux”开头，库包含 31 个函数。

4. 专用库

专用库中包含 6 个以“wgl”开头的函数和 5 个 Win32 API 函数。wgl 函数用于在 Windows NT 环境下的渲染着色，在窗口内绘制位图字体以及把文本放在窗口的某一位置等，这些函数把 Windows 和 OpenGL 连接在一起；5 个 API 函数没有专用的前缀，它们主要用于处理像素存储格式、双缓存等函数的调用，这些函数仅仅能够用于 Win32 系统而不能用于其他 OpenGL 平台。

（四）OpenGL 函数命名规则

OpenGL 中的所有函数都采用以下格式的命名规则：

库前缀 + 根命令 + 形参个数 + 后缀字母

库前缀表明该函数来源于哪个库；根命令代表该函数相应的功能；形参个数可以是 2、3、4，表明函数可接收的参数个数；后缀字母用来指定函数参数的数据类型。例如，函数“glColor3f”

中，“gl”表示这个函数来自库“gl.h”，“Color”是该函数的根命令，表示该函数用于设置当前颜色，“3f”表示这个函数接收3个浮点类型的参数。

（五）OpenGL 的工作方式

OpenGL 是一种 API 图形库，但并不包含任何窗口管理、用户交互或文件 I/O 等函数，因此，一个应用程序的 OpenGL 图形处理系统的结构形式中，最底层为图形硬件，第二层为操作系统，第三层为窗口系统，第四层为 OpenGL，最上面一层为应用软件。

OpenGL 的基本工作流程根据数据处理来源的不同分为两条线，主要包括几何顶点数据和图像像素数据。几何顶点数据包括模型的顶点集、线集和多边形集，经过算术单元、逐顶点运算和图元组装处理，然后进行栅格化和逐像素处理，直到最终的栅格数据写入帧缓冲区；图像数据包括像素集、图像集和位图等。图像像素数据的处理方法不同于几何顶点数据的处理方法。像素操作的结果存储在用于纹理组装的存储器中，然后像几何顶点操作一样被光栅化以形成图形片元。在整个过程的最后，图形片元要经过一系列的逐块操作，使最终的像素值送到帧缓冲区，实现图形的显示。在 OpenGL 中，显示列表技术是一项重要的技术。OpenGL 中的所有数据，包括几何顶点数据和像素数据，都可以存储在显示列表中或立即进行处理。

在 OpenGL 中进行的图形操作的基本步骤：

①根据基本图形单元建立场景模型，并对模型进行数学描述（OpenGL 中将点、线、多边形、图像、位图均视为基本图形单元）。

②将场景模型放置在三维空间中的适当位置，设置视点观察有趣的景观。

③计算模型中所有物体的颜色，根据应用需求确定，同时确定光照条件、纹理粘贴方式等。

④将场景模型的数学描述及其颜色信息转换到计算机屏幕上，这就是光栅化的过程。

在执行这些步骤的过程中，OpenGL 可能会执行其他操作，例如自动消隐处理。此外，在场景被光栅化之后，在它被发送到帧缓冲器之前，可以根据需要操纵像素数据。

（六）OpenGL 是状态机

OpenGL 是一个状态机。也就是说，如果在 OpenGL 中设置了某一状态，这种状态可以一直保持，直到关闭这个状态为止。一般某种状态需要利用函数“glEnable（）”来开启，而用“glDisable（）”来关闭。例如，开启深度探测功能可用

glEnable（GL_DEPTH_TEST）；// 开启深度测试

关闭此功能用

glDisable（GL_DEPTH_TEST）；// 关闭深度测试

当然在其他情况下，执行某一命令，OpenGL 也会改变相应的状态。例如，设定当前颜色为红色，则在此之后绘制的所有物体都将试用红色，直到把当前颜色设置为其他颜色。而 OpenGL 中每个状态变量或模式都有相应的默认值，用户可以在任意位置分别用函数“glGetBooleanv（）”“glGetDoublev（）”“glGetFloatv（）”和“glGetIntegerv（）”来获取不同数据类型的状态。

如果想存储当前的状态变量，而在之后某处又想恢复过来，可以通过函数“glPushAttrib()”和“glPopAttrib()”来实现，前者是用来存储当前状态的，后者是用来恢复保存的状态。

四、Python

Python是一门优雅而健壮的编程语言，它继承了传统编译语言的强大性和通用性，同时也借鉴了简单脚本和解释语言的易用性。

（一）Python特点

1. 高级

随着每一代编程语言的出现，我们将达到一个新的高度。汇编语言是给那些苦于机器代码的人的礼物。后来出现了FORTRAN、C和Pascal语言，将计算提升到一个全新的高度，开创了软件开发行业。随着C语言的出现，更多像C++和Java这样的现代编译语言诞生了。我们没有止步于此，所以我们有强大的解释性脚本语言，可以进行系统调用，如Tcl，Perl和Python。

这些语言都有先进的数据结构，减少了之前“框架”开发所需的时间。Python中的列表（大小可变的数组）和字典（哈希表）内置于语言本身。在核心语言中提供这些重要的构建块可以缩短开发时间和代码量，并产生更可读的代码。

2. 面向对象

面向对象编程为数据和逻辑分离的结构化和过程化编程增添了新的活力。面向对象编程支持特定行为、特征和/或功能与它们正在处理或表示的数据的组合。Python的面向对象特性是与生俱来的。然而，Python绝不仅仅是Java或Ruby那样的面向对象语言。事实上，它融合了各种编程风格，例如，它甚至借鉴了Lisp和Haskell等函数式语言的特性。

3. 可升级

Python经常被拿来和Unix系统下的批处理或者shell做比较。简单的shell脚本可以用来处理简单的任务。即使它们的长度可以增长（无限长），它们的功能也总会耗尽。shell脚本的代码复用度很低，只适合小型项目。事实上，即使是一些小项目也会导致脚本又臭又长。另一方面，Python可以在各种项目中不断改进代码，添加额外的新的或现有的Python元素，并随时重用代码。Python提倡简单的代码设计、先进的数据结构和模块化组件，可以提高项目的范围和规模，保证灵活性和一致性，缩短必要的调试时间。

4. 可扩展

因为Python的标准实现是用C语言（也就是CPython）完成的，所以Python的扩展应该用C和C++编写。Python的Java实现叫Jython，它的扩展要用Java写。最后是IronPython，针对的是.NET或Mon.平台的C#实现。你可以用C#或者VB.Net来扩展IronPython。

5. 可移植性

在各种系统上都可以看到Python，这得益于Python在当今计算机领域的持续快速增长。因为Python是用C写的，C是可移植的，所以Python可以在任何有ANSIC编译器的平台上运行。虽然有一些针对不同平台开发的特殊模块，但是在任何平台上用Python开发的通用软件都可以稍加修改或者原封不动地运行在其他平台上。这种可移植性适用于不同的架构和不同的操作系统。

6. 易学

Python的关键字少，结构简单，语法清晰，学习者很容易在较短的时间内上手。对于初学者来说，可能感觉比较新的是Python的面向对象特性。没有完全掌握OOP（Object Oriented Programming，面向对象的程序设计）的人，对直接使用Python还是有所顾忌的，但是OOP并非必须或者强制的。

7. 易读

Python与其他语言显著的差异是，它没有其他语言通常用来访问变量、定义代码块和进行模式匹配的命令式符号（如：美元符号“$”、分号“；”、波浪号“～”等），这就使Python代码变得更加定义清晰和易于阅读。

8. 易维护

源代码维护是软件开发生命周期的组成部分。由于Python本身就是易于学习和阅读的，因此Python源代码易维护性也成为Python语言的一个特点。

9. 健壮性

Python为错误提供了“安全合理”的退出机制。一旦Python因错误而崩溃，解释器就会翻出一个“堆栈跟踪”，里面包含了所有可用的信息，包括程序崩溃的原因，以及是哪个代码（文件名，行号，行号调用等）有错误。这些错误被称为“异常”。如果这样的错误发生在运行时，Python可以监控并处理它们。

Python的健壮性对软件设计者和用户都有很大的好处。一旦一些错误处理不当，Python也可以提供一些信息。错误产生的堆栈跟踪不仅可以描述错误的类型和位置，还可以指出代码所在的模块。

10. 高效的快速原型开发工具

Python有很多其他系统的接口，足够强大，可以用来开发整个系统的原型。虽然传统的编译语言也可以实现同样的系统建模，但是Python I程序的简单性让开发者可以在同样的时间内轻松完成同样的工作。此外，Python为开发者提供了完整的扩展库。

11. 内存管理器

C或C++最大的缺点是开发人员负责内存管理。因此，即使对于一个很少访问、修改和管理内存的应用程序，程序员也必须在执行基本任务之外履行这些职责。这些不必要的负担和责任往往会分散开发人员的精力。

在Python中，因为内存管理是Python解释器的责任，所以开发人员可以从内存事务中解脱出来，专注于最直接的目标，只专注于开发计划中的第一个应用。这将带来更少的错误，更健壮的程序和更短的开发周期。

12. 解释性和（字节）编译性

Python是一种解释型语言，也就是说开发过程中没有编译。一般来说，纯解释语言通常比编译语言运行得慢，因为它不在本机代码中运行。但是和Java类似，Python其实是以字节为单位编译的，这样一来，就可以生成一个类似于机器语言的中间形式。这既提高了Python的性能，又保持了解释语言的优势。

（二）Python可应用的平台

Python可应用的平台非常广泛，简单可以分为以下几大类：

（1）所有Unix衍生系统：Linux，MacOS X，Solaris，FreeBSD等。

（2）Win32家族（Windows NT、2000、XP等）。

（3）早期平台：MacOS 8/9、Windows 3.x、DOS、OS/2、AIX。

（4）掌上平台（掌上电脑/移动电话）：SymbianOS、Windows CE/Pocket PC、Sharp Zaurus/arm-linux，PalmOS。

（5）游戏控制台：Sony PS2、PSP、Nintendo GameCube。

（6）实时平台：VxWorks、QNX。

（7）其他实现版本：Jython、IronPython、stackless。

第四章　全景技术

第一节　全景技术概述

一、全景技术的特点

全景技术是基于互联网的应用技术，是在互联网上展示准三维图形的实用工具。它有以下优点。

（1）无需复杂建模，通过实景采集即可获得完全真实的场景。全景图不是计算机生成的模拟图像，而是现场拍摄物体后，再对真实场景进行处理和再现的真实图像。相比建模获得的虚拟现实效果更真实，更有沉浸感。更能满足数字城市展示、工程验收、犯罪现场信息采集等对现场真实程度的要求。

（2）快速高效的生产流程。全景图的制作过程简单快捷，省去了繁琐耗时的建模过程。通过对真实场景的采集、处理和渲染，快速生成所需场景。与传统的虚拟现实技术相比，其效率提高了十倍甚至几十倍，而且生产周期短，生产成本低。

（3）有一定的交互性，可以用鼠标或键盘控制环视的方向来上下左右、远近浏览。

（4）通过网页等方式发布出来。全景的网页展示方式非常多样化，它支持地图导航，热点虚拟可访问外部网页，视频、动画、音频等的链接，它还可以与三维地理系统联系起来集成在软件中进行展示，如 Google Earth。总之，全景的应用领域十分广泛，不论在商业领域、文化领域，还是科技领域都能发挥它特有的优势。

二、全景技术的分类

随着 Internet 的应用及普及，全景技术的发展也十分迅速，目前全景技术的种类已经从简单的柱形全景，发展到球形全景、立方体全景、对象全景、全景视频等。

（一）柱形全景

柱形全景是最简单的全景虚拟。柱形全景可以理解为以节点为中心的具有一定高度的圆柱形的平面，平面外部的景物投影在这个平面上。用户可以环水平 360° 观看四周的景色，能任意切换视线，也可以在一个视线上改变视角，取得接近或远离的效果。但是如果用鼠标上下拖动时，上下的视野将受到限制，向上看不到天顶，向下也看不到地面。

这种照片一般采用标准镜头的数码或光学相机拍摄，其纵向视角小于 180° ，显然这种照片的真实感并不理想。但其制作十分方便，对拍摄与制作设备的要求低，早期应用较多，目前市场上较为少见。

（二）球形全景

球形全景的视角为水平 360°，垂直 180°，即全视角。在观察球形全景时，观察者好像位于球的中心，通过鼠标、键盘的操作，可以观察到任何一个角度，让人融入虚拟环境之中。球形全景照片的制作比较专业，首先必须用专业鱼眼镜头拍摄 2 ～ 6 张照片，然后再用专用的软件把它们拼接起来，做成球面展开的全景图像，最后把全景照片嵌入展示网页中。球形全景产生的效果较好，所以有专家认为球形全景才是真正意义上的全景。球形全景展示效果较完美，所以它被作为全景技术发展的标准，已经有很多成熟的软硬件设备和技术来支持。

（三）立方体全景

立方体全景是另外一种实现全景视角的拼合技术，和球形全景一样，它的视角也为水平 360°，垂直 180°。与球形全景不同的是，立方体全景保存为一个立方体的六个面。它打破了原有单一球形全景的拼合技术，能拼合出更高精度和更高储存效率的全景。立方体全景照片的制作比较复杂，首先拍摄照片时，要把对象的上下、前后、左右全部拍下来，可以使用普通数码相机拍摄，只不过普通数码相机要拍摄很多张照片（最后拼合成六张照片），然后再用专门的软件把它们拼接起来，做成立方体展开的全景图像，最后把全景照片嵌入展示网页中。

（四）对象全景

对象全景也叫 object VR，即 360° 三维物体展示技术。球形全景是从空间内的节点来看周围 360° 的景物所生成的视图，而对象全景则刚好相反，它从分布在以一件物体（即对象）为中心的立体 360° 球面上的众多视点来看一件物体，从而生成这个对象的全方位的图像信息。它的拍摄方法与其他全景技术不同：拍摄时瞄准对象（如果拍摄的是玩具，那玩具就是对象），转动对象，每转动一个角度，拍摄一张，按顺序完成。用户用鼠标来控制物体旋转以及对象的放大与缩小，也可以把它们嵌入网页中，发布到网站上。对象全景的应用范围很广，电子商务公司可以利用该技术在 Internet 上进行商品的三维展示，如手机、工艺品、电子产品、古代与现代艺术品的展示等。

（五）全景视频

动态全景视频是全景摄影的主要发展方向，观众甚至可以在一些网站上看到进行中的带音响效果的全景球类比赛，并且观众的视角可以随意转动。

全景技术的应用领域有电子商务、房地产行业、旅游业、展览业、宾馆酒店业、三维网站建设等。全景技术与 GIS（地理信息系统）技术的结合可以让平面的 GIS 系统具有三维效果。将此技术应用于数字城市的建设，将大大增强数字城市系统的真实性。

全景技术是一种应用面非常广泛的实用技术，然而它毕竟不是真正的 3D 图形技术，它的交互性十分有限，从严格意义上说，全景技术并不是真正意义上的虚拟现实技术，因此在一定程度上影响了它的普及、推广及发展。

三、常见的全景技术

目前在全球从事全景技术开发的公司有很多，开发此类软件的国外著名软件公司有pixround、IPIX、3dvista、ulead、iseemedia等，常见的全景软件有3DVista Studio、Corel Photo-Paint、MGl Photo Vista、Image Assembler、IMove S.P.S.、VR PanoWorx、VR Toolbox、PTGui、IPIX World、Panorama Maker、PhotoShopElements、PhotoVista Panorama、PixMaker Lite、The Panorama Factory、PixMaker、Pano2VR、QTVR、Krpano、kuleiman、REALVIZStitcher、Powerstitch、PanEdit、Hotmedia等。国内常见的全景软件有杰图造景师、Easy Panorama、观景专家与环视专家等。

这其中比较有代表性的全景软件如下。

（一）QTVR

QTVR是QuickTime Virtual Reality的简称，它是美国苹果公司开发的新一代虚拟现实技术软件，属于桌面型虚拟现实的一种。此技术是一种基于静态图像处理的、在微机平台上能够实现的初级虚拟现实技术。尽管如此，它有其自身的特色与优势。它的出现使专业实验室中的成本昂贵的虚拟现实技术有了广阔的应用与普及前景。

QTVR技术有3个基本特征：从三维造型的原理上看，它是一种基于图像的三维建模与动态显示技术；从功能特点上看，它有视线切换、推拉镜头、超媒体链接3个基本功能；从性能上看，它不需要昂贵的硬件设备就可以产生相当程度的虚拟现实体验。

1. 使用方便，兼容性好

浏览QTVR场景的用户无需佩戴欣赏一般虚拟现实产品所要求的昂贵的特殊头盔、特殊眼镜和数据手套等，仅通过普通鼠标、键盘就可实现对场景的操纵。QTVR可运行于普通微机，无需运行于高速工作站。QTVR可以在目前流行的操作系统平台上运行，并且可跨平台运行。

2. 多视角观看，真实感强

QTVR运用真实世界拍摄的全景图像来构建虚拟的现实空间，真实世界的全景图像通常采用数码相机来拍摄，操作十分方便。它比由计算机生成的图像真实感强，可以提供较高的清晰度，从而使生成的图像具有更丰富、更鲜明的细节。同时，它提供了观察场景的多个视角，使用户可以在场景中从各个角度观察一个真实物体，使用户可以获得良好的VR体验。

3. 制作简单，数据量小

QTVR的制作过程简单，前期拍摄的设备也很简单，一般只需要数码相机就可以。制作流程主要包括拍摄、数字化、场景制作，制作周期短。前期拍摄过程中不利因素的影响，如阴天光线不足，都可以通过后期数字化加工处理来解决。一般制作一个大型的场景，也只需几个月。QTVR采用了苹果公司独有的专利压缩技术，相对于其他虚拟现实技术，QTVR影片数据量极小。这意味着同样大小的磁盘空间采取QTVR可以存储更多的图片，同时也意味着用户对场景的操作更加便捷。

（二）IPIX World

IPIX 全景图片技术是美国联维科技公司（IPIX）在中国推广的包括其全景合成软件 IPIX World 和尼康镜头等设备在内的“整体解决方案”。它的宗旨是要让人人能够自己拍摄和制作全景照片。

IPIX 全景图片技术是利用基于 IPIX 专利技术的鱼眼镜头拍摄两张 180° 的球形图片，再通过 IPIX World 软件把两幅图像拼合起来，制作成一个 IPIX 360° 全景图片的实用技术。IPIX World 是一款“傻瓜型”全景合成软件，用户无需了解其核心原理，也无需对图像进行前、后期处理。IPIX 利用上述原理生成一种逼真的可运行于 Internet 上的三维立体图片，观众可以通过鼠标上下、左右的移动任意选择自己的视角，或者任意放大或缩小视角，也可以对环境进行环视、俯瞰和仰视，从而产生较高的沉浸感。

IPIX 全景图片技术使用的数码相机可以是尼康公司专为 IPIX 设计的数码相机 Nikon Coolpix 系列。此外，拍摄 IPIX 全景图片还需要一些辅助硬件，如三脚架和旋转平台等。

IPIX 有自己开发和设计的专有处理软件 IPIX World，同时也可以提供自行开发的多媒体处理软件。它的特点是可以在 IPIX 图片上进行热点链接，如加入背景音乐，链接到应用程序、加入声音文件，加入文本文件、链接到互联网、链接图片等。

但是该产品基本上属于普及型软件，加之用户需要支付用于购买图像发布许可的密钥和去 IPIX 标志和链接的版权费，其应用受到了一定的限制。

（三）PixMaker

PixMaker 是一个简单方便的 360° 全景图片制作软件，它可以将描写一个环型场景的多个连续图片无缝地接合在一起，形成一个 360° 场景图片。PixAround.com 为拍摄全景图片提供了完整而简易的解决方案。用户在无需昂贵专业器材或额外浏览器插件软件的情况下，即可在 Internet 和 PDA（个人数码助理）上浏览互动的网上虚拟环境。

PixMaker 对相机型号没有特别要求，制作者只要用相机拍下照片，就可用 PixMaker 的专门软件 PixAround Webpage 制作并将制作好的图片上传到 Internet 上。PixMaker 全景 360° 图片的最大优点是操作的简易性。制作者只需通过拍摄、拼接、发布 3 个步骤，即可制作出 360° 环绕的画面，让网上浏览者随心所欲地利用鼠标观看空间、对象的每一个角落。另外，其拥有多样化的发布形式，根据用户的需要可以制作成 Web、PDA、EXE、JPG 等格式。

（四）The Panorama Factory

The Panorama Factory 是专门制作具有 360° 环场效果的影像式虚拟工具，提供全自动、半自动、手动的拼接方式，可以制作出超广角的照片。而且它的操作步骤简单，不需要使用 Photoshop 等影像编辑软件来进行调整。该软件可以很容易地将拍摄的多张相同位置不同转动角度的照片拼接成一个完整的全景图。

它可以简单地通过 7 个步骤生成全景图。(1)使用缝接向导制作全景画；(2)选择图片缝接方案；(3)选择数码相机类型等；(4)控制所输入图片的图像质量，保证图片效果；(5)选择全景图类型；(6)对缝接图片进行锚点；(7)当锚点效果达到满意程度时，可以预览图片与输出全景照片。经过几分钟的运算后，就可以得到最终的效果，这时会出现最后一个向导页。在这个对话框中，选择是要将拼接完的全景照片保存为 *.jpg 文件，还是将整个拼接工程保存，或先在浏览器中预览。当然也可以直接选择打印选项，把照片打印出来。

（五）杰图软件

杰图软件是国内全景技术开发的典型代表之一，是国内较成熟的全景软件，也是国内能提供 EXE 全屏全景和全景播放器的供应商。该公司的全景软件融合了神经网络算法、智能寻边等技术，能快速完成全景的生成过程。该公司成功开发出三维全景展示制作系统——造景师，三维物体展示制作系统——造型师，三维虚拟漫游制作系统——漫游大师。

1. 造景师

“造景师”是全球全景行业领先的 360° 全景制作软件，它可以完成全景图拼接和 720° 全景拼合，同时支持鱼眼照片和普通照片的全景拼合。它可以拼合鼓形模式、全帧模式、整圆模式、立方体模式的图片素材。

它具有以下功能：

（1）支持 Adobe Flash Player 播放引擎；

（2）支持 HTML5 格式的全景漫游，可以在任意地点或任意设备上观看全景；

（3）支持嵌入百度地图，能自动识别带全球定位系统信息的图片或通过内嵌的百度地图搜索地名来添加经纬度信息；

（4）在拼合过程中支持图形处理器加速，让拼合速度更快；

（5）支持导入单反相机拍摄的圆形鱼眼、鼓形鱼眼、全帧鱼眼图的全景图拼合，拼合好的全景图可以导入“漫游大师”中制作全景漫游；

（6）提供右键拼合功能，简便又省时；

（7）提供耀斑解决方案；

（8）支持批处理，可以同时拼合多幅鱼眼图。

2. 造型师

“造型师”是一款制作 Flash 三维物体的软件。它提供了一种在 Internet 上逼真展示三维物体的新方法。其通过对一个现实物体进行 360° 环绕拍摄得到的图像进行自动处理，生成 360° 物体展示模型，使观看者可以通过网络交互地观看物体。

3. 漫游大师

“漫游大师”是一款行业领先的三维全景漫游展示制作软件，可以实现从一个场景走入另一个场景的虚拟漫游效果；并且可以在场景中加入图片、文字、视频、Flash 等多媒体元素，让场景变得更鲜活。其广泛应用于房产楼盘、旅游景点、宾馆酒店、校园等场景的虚拟漫游效果的网上展示，让观看者足不出户即可获得身临其境的感受。“漫游大师”可以发布Flash VR、EXE、SWF格式以及在移动设备上观看的HTML5格式。

漫游大师具有以下功能：

（1）支持将发布的HTML5格式文件发布成一个简易的App，以便更加便捷地在移动设备上观看；

（2）除了支持原来的平面地图外，还支持百度电子地图，通过多地图功能可以制作更加丰富的虚拟漫游效果，用户可以选择电子地图或者卫星地图，自定义平面地图；

（3）支持多种音频格式；

（4）支持视频漫游（VCD、SVCD、DVD等格式）；

（5）增强热点功能（热点可以链接到另一个场景、URL，弹出图像、另一个虚拟漫游等）；

（6）引入分块加载功能，可以缩短在浏览器中运行的加载时间；

（7）用户可以在场景或弹出窗口中嵌入3D模型，支持文件格式为3ds。

（六）PTGui

PTGui的名字由Panorama Tools的缩写“PT”和“GUI”（Graphical User Interface）组合而成。它是一款为Windows和iOS操作系统设计的全景拼合软件，目前使用很广泛。它最初是著名多功能全景制作工具Panorama Tools的一个图形化用户界面，现在成为一款功能强大的图片拼合软件。其工作流程非常简单：①导入一组原始底片；②运行自动对齐控制点；③生成并保存全景图片文件。它的强大优势表现在以下几个方面：

（1）可以拼合多行图片；

（2）可以创建360°的立方体全景、全景展开平面图；

（3）即使拍摄时相机位置不水平，PTGui可以先对倾斜的图片进行旋转，再进行拼合；

（4）不限制输出结果的尺寸，支持创建千兆的全景图片；

（5）最终输出结果可以是分层图片；

（6）PTGui大部分时候可以自动拼合全景图，同时它也提供了许多手工控制的工具，可以对单独的原始图片进行处理，对许多复杂场景的拼合，PTGui自动拼合无法完成，就必须用到这些功能；

（7）支持16位最佳图片质量的运行。

（七）Pano2VR

Pano2VR是奥地利Garden Gnome Software公司的产品，是一款可以将全景或360°照片和视频转换为交互式虚拟漫游的软件。它可以将全景图像转换成HTML5、Flash和QTVR等多种格式，界面操作简单，可定制皮肤，可选择的用户语言界面有英语、汉语、法语、日语、德语、波斯语、俄语、西班牙语、土耳其语和瑞典语。

Pano2VR具有以下功能：

（1）允许输入一张图片完成自动补地操作；

（2）可以直接输出 HTML5 文件及 Flash 文件；

（3）可以添加自己的按钮和图形，设计和建造一个热点地图进行虚拟之旅；

（4）文件格式支持 JPEG、PNG、TIFF、BigTIFF、Photoshop PSD/PSB、OpenEXR、高动态、HDR、QuickTime；

（5）Pano2VR 生成的是一个“系统”，某种程度上和一个网站系统是一样的。所以说，制作出来的是可供浏览的全景漫游，它的运行环境应该是在服务器上面的，可以通过浏览器打开。

第二节 全景制作的硬件设备与拍摄方法

一、硬件设备

（一）前期素材获取方案

制作全景作品，首先必须有相应的照片素材，而且全景作品的最终效果在很大程度上取决于前期素材的效果。前期素材的质量与所用的硬件设备有极大的关系，要得到全景作品的素材，一般采用以下两种方案。

1. 三脚架 + 云台 + 数码相机 + 鱼眼镜头

这是最常见且实用的一种方法，采用外加鱼眼镜头的数码相机和相应的云台进行拍摄，拍摄后可直接导入计算机中，制作十分方便。更重要的是，一方面这种方法制作成本低，一次可拍摄大量的素材供后期选择制作；另一方面其制作速度较快，删改照片及效果预览都十分方便，一般推荐采用这种方法。

2. 三维模型的全景导出

这种方法主要用在某些不能拍摄或难以拍摄的场合，或是一些在现实世界中还不存在的物体或场景。如房地产开发中还没建成的小区，虚拟公园的游览、虚拟产品展示等，这些场景只能通过三维建模软件进行制作，制作完成后再通过相应插件将其导出为全景图片。

（二）常用设备

在全景制作中，普遍采用的是第一种方案，即采用“三脚架 + 云台 + 数码相机 + 鱼眼镜头”的方式，但在实际操作中，这些设备会有一个相互配合的问题，并非所有的数码相机都适合全景拍摄，在全景拍摄中，所使用的云台与传统摄影采用的云台也是不同的。

1. 数码相机

在制作全景作品时，数码相机和传统的光学相机都可以使用。采用传统的胶片光学相机，使用胶片输出形式，精度高，清晰度高，但胶片要进行冲洗，冲洗后再用扫描仪来扫描到计算机中，比较麻烦，时效性差，同时成本较高。而采用数码相机拍摄景物则较为理想，理论上，所有的数码相机都可以用来制作全景作品。

为了得到较好的全景效果，应该选择成像像素在 1000 万以上的数码相机，这样得到的图像质量较好。在球形全景作品的制作中，需要采用可以外接鱼眼镜头的数码相机，常见的有 Nikon Coolpix 系列以及 Insta360 公司出品的 Insta360 ONE 等，以 Nikon Coolpix P950 及

Insta360 ONE 等较为常用；也可以采用可换鱼眼镜头的数码单反相机，一般常见的数码单反相机均可。

（1）Nikon Coolpix P950

Coolpix P950 的光学变焦从 24mm 广角到 2 000mm 远摄。强大的变焦功能，可以捕捉到通常难以拍摄的物体，如野生动物、鸟类、远处的风景、飞机甚至行星。而微距拍摄允许相机距拍摄对象约 1 cm。在焦距范围内，该相机能提供清晰、锐利、美丽的影像，致力于满足用户创作的需求。

凭借双重侦测光学 VR 减震功能，标准模式下 Coolpix P950 提供相当于快门速度提升约 5.5 档的减震效果，有效减轻由于相机震动造成的图像模糊，手持拍摄时也能清晰地捕捉远距离主体。此外，因为使用较慢的快门速度进行拍摄时不必担心相机抖动，因此可以扩大影像表达范围。

光学系统采用加强型低色散（ED）玻璃元件，拥有更高的成像能力并有效减少色差，远摄拍摄时可实现良好的图像品质。约 1605 万有效像素的背部入射式 CMOS 影像传感器和支持最高 ISO 6400 感光度的 EXPEED 影像处理器，在昏暗环境下也能够捕捉清晰锐利的影像。

相机配备约 0.39 英寸、235.9 万像素的电子取景器，放大倍率约 0.68 倍，带有眼感应器，当眼睛或面部靠近时，会自动从显示屏拍摄模式切换到取景器拍摄模式。手持相机时，对焦模式选择器可轻松地在手动对焦和自动对焦之间切换。除了配备变焦快速复位键和侧面变焦控件外，侧面拨盘的位置也便于轻松地控制拍摄。当设置为手动对焦时，该拨盘将用于手动对焦操作；当设置为自动对焦时，该拨盘则变成指定曝光补偿、白平衡或 ISO 感光度等操作设定。约 8.1 cm 的 TFT LCD 显示屏即使在户外也能提供舒适清晰的观看效果，其可翻转功能可为构图拍摄调整成各种角度。配件端子和配件热靴进一步扩展相机的功能，包括使用 DF-M1 点瞄准器时，帮助用户在远摄拍摄期间跟踪鸟类或飞机等远处的小物体，并且在丢失目标后能够重新捕捉。除了点瞄准器 DF-M1 外，还可使用多种另购配件来扩展 Coolpix P950 的性能。

（2）Insta360 ONE

“Insta360 影石”是我国深圳一家智能全景影像品牌，为客户提供硬件、软件、行业赋能的产品与服务。成立至今，Insta360 影石旗下专业级 VR 相机产品全球市场占有率超 80%，消费级全景相机领域市场份额跃居全球前列。

Insta360 ONE 可高速录制流畅的慢镜头影像，每秒传输帧数可达 120。解锁“子弹时间”新技能，可轻松拍出冻结时间特效的好莱坞大片。

对任意两个画面打点，ONE App 将自动连接标记点，模拟出影视级完美顺滑的摇臂镜头，令用户在 360° 视频内二次创作出最有趣的故事。它的智能追踪功能，可以识别并锁定物体的运动状态，并实现一键追踪，生成一段平稳的影片，令主体始终处于视觉中心。

将 ONE 相机连接自拍杆，自拍杆会立刻从画面中消失，用户仿佛拥有一台会低空跟拍、毫无噪声的无人机。

2. 鱼眼镜头

普通的35mm相机镜头所能拍摄的范围约为水平40°、垂直27°，如果采用普通数码相机拍摄的图像制作360°×180°的全景图像的话，需要拍摄多张，这将导致拼缝太多而过渡不自然，因而需要水平和垂直角度都大于180°的超广角镜头。

鱼眼镜头就是一种短焦距超广角摄影镜头，一般焦距在6～16mm。一幅360°×180°的全景图像可以由2～3幅小角度照片拼合而成。为使镜头达到最大的视角，这种镜头的前镜片呈抛物状向镜头前部凸出，与鱼的眼睛颇为相似，故称"鱼眼镜头"。由于鱼眼镜头是由许多光学镜片组成的，装配精密，一般价格较贵。

鱼眼镜头与传统标准镜头相比，具有以下特点。第一，视角范围大，视角一般可达到180°以上。第二，焦距很短，因此会产生特殊变形效果，透视汇聚感强烈。焦距越短，视角越大，由光学原理所产生的变形也就越强烈。为了达到超大视角，允许这种变形（桶形畸变）的合理存在，形成除了画面中心景物保持不变，其他部分的景物都发生了相应的变化的效果。第三，景深长，在1m距离以外，景深可达无限远，有利于表现照片的大景深效果。历史上，135画幅最广的鱼眼镜头是艺康旗下的6mm f/2.8，视角接近220°。而富士研发了世界首台用于500万像素CCD（电荷耦合器件）摄像机的185°广角全方位镜头。

常见的鱼眼附加镜有Nikon公司的尼克尔（Nikkor）AF DX 10.5 mm f/2.8G ED、AF-S鱼眼尼克尔8～15 mm f/3.5～4.5E ED,日本株式会社适马公司生产的专业鱼眼镜头有Sigma 4.5 mm f/2.8 EX DC，Sigma 8 mm f/3.5 EX DG，其他著名品牌有Canon（佳能）、松下。

（1）AF-S鱼眼尼克尔8～15 mm f/3.5～4.5E ED

FX格式下，当变焦位置设定为8 mm时，垂直和水平（圆形鱼眼）的摄影角度约为180°；当变焦位置接近但未达到15 mm时，对角线方向（全画面鱼眼）的摄影角度约为180°。DX格式下焦距刻度上DX标记附近，全画面鱼眼图像对角线方向的摄影角度约为180°。该镜头的光学设计技术能够实现最大光圈或光圈缩小时为整个画面提供高分辨率图像。而且，镜头画面边缘可实现良好的点光源还原能力，呈现清晰锐利的夜景和星空图像。

该镜头的最近对焦距离约为0.16 m，最大复制比率约为0.34倍，因此用户可以接近拍摄对象，而无需担心边缘分辨率的降低。镜头前后端表面采用尼康氟涂层，便于清洁附着在镜头表面的灰尘、水滴和油污。其拍摄成像为圆形鱼眼图。

（2）Sigma 8 mm f/3.5 EX DG鱼眼镜头

Sigma 8 mm f/3.5 EX DG是一只180°视角的超级鱼眼镜头，它是安装在单反相机上的镜头，镜头后端特设滤镜槽，方便使用插入式胶质滤镜。其拍摄成像为鼓形鱼眼图，可配接尼康部分相机机型以及Canon单反相机。

（3）尼克尔AF DX 10.5 mm f/2.8G ED鱼眼镜头

该鱼眼镜头具有极其广阔的视角，因此不能像普通镜头那样在其前面安装滤色镜。但尼康在镜头后端提供了一种明胶滤色镜夹，可在不造成周边暗角的情况下使用滤色镜。该款镜头拥有卓越的近距离对焦表现。其拍摄成像为全帧鱼眼图。它匹配尼康所有型号的相机以及其他品牌带有 F 口的相机（如富士等），通常采用 4 张或“6+2”张（天和地 2 张）即可完成拼合。

3. 全景头

全景头也叫全景云台，是专门用于全景摄影的特殊云台，其作用是保持相机的节点不变。

所谓“节点”是指相机的光学中心，穿过此点的光线不会发生折射。在拍摄鱼眼照片时，相机必须绕着节点转动，才能保证全景拼合的成功。如果在转动拍摄时，不采用云台而直接使用数码相机和鱼眼镜头拍摄，那么鱼眼图像将会产生偏移。

球形和立方体全景都是设想以人的视点为中心的一个空间范围内的图像信息，观看全景的时候，场景围绕一个固定点旋转，如果没有全景头，相机在三脚架上旋转的时候，视点必然变化，其图像的真实度降低。全景头的目的是让相机在拍摄场景图像旋转的过程中，视点保持不变。

（1）Guide 全景云台

Guide 全景云台俯仰轴采用不锈钢内芯，采用每 15° 定位插销和侧面锁紧螺丝双重锁定，每个锁紧方式均可单独使用，侧面锁紧方式可实现无级锁定。同时俯仰轴可设置每 5° 触感定位，重新定义行业标准，全面满足全景以及矩阵盲拍。自带 10 挡分度台，可以适配各类单反相机。

（2）XGH-2 全景云台

喜乐途 XGH-2 镂空悬臂云台打破传统圆管式设计结构，采用全镂空式，虽重量比同体积的碳纤维还要轻，却能轻松驾驭重型镜头。云台两侧共设有两个通用 1/4 螺孔，两个通用 3/8 螺孔，可以搭配喜乐途“魔术手”、XLS-324C 三脚架使用，自带刻度升降槽和阻尼主旋钮。

4. 三脚架

三脚架的作用对于全景拍摄来说是十分重要的，尤其是在光线不足和拍夜景的情况下，三脚架的作用更加凸显。在拍摄多张全景照片时，它需要保证相机的稳定，并保证相机的节点在旋转过程中保持不变。三脚架的选择众多，在全景拍摄中不需要专用的三脚架，可采用通用的三脚架。为了得到质量较好的照片，用户总希望三脚架能为一些拍摄情况提供稳定的拍摄状态，如果使用本身重量较轻的三脚架，在开启三脚架时出现不平衡或未上钮的情况，或在使用时过分拉高了中间的轴心杆等，都会使拍摄效果不佳。

在全景拍摄时，可选择重量较大的三脚架来保证拍摄效果，但太重的三脚架又不方便移动，因此用户需要根据实际情况来选择重量合适的三脚架。

在全景拍摄时，有时考虑到鱼眼镜头的视角过大，会使三脚架进入拍摄到的画面中，此时用户可选择采用独脚架，以避免此类问题的发生。所谓独脚架就是用一根腿来替代标准三脚架的三根腿。三脚架通常作为照片摄影的支架，而独脚架的便于携带、轻便、独立的特点，使其更加适合户外数码摄影。但是独脚架的技术操作相较于三脚架更加复杂。对于有真正的低亮度曝光要求的拍摄任务来说，三脚架仍然是唯一的选择。

5. 旋转平台

要制作对象全景作品，须获得对象物体的一系列多个角度图片，在拍摄时为了得到较好的效果，通常使用普通数码相机或数码摄像机进行拍摄，此时拍摄者可采用旋转平台辅助拍摄，以保证旋转拍摄时能围绕着物体的中心。它通常由步进电机来驱动底盘的转动，因此拍摄时使物体的中心轴线位于底盘的圆心。

二、全景照片的拍摄方法

在全景作品制作过程中，拍摄全景照片是其制作的第一步，也是较关键的步骤。全景作品的效果在很大程度上取决于前期拍摄工作的质量，主要是指拍摄的素材效果，所以拍摄全景照片素材这一步十分重要。前期的拍摄效果好，在后期制作中就十分方便，反之如果在前期拍摄中出现问题，在后期处理中将变得十分麻烦，所以一定要重视照片的拍摄过程。

（一）柱形全景素材的拍摄

柱形全景素材的拍摄通常可采用“普通数码相机 + 三脚架”完成。一般标准镜头所能拍摄的范围是水平 40°、垂直 27°。要拍摄 360°全景，须拍摄一组相邻两张照片重叠 15% 的 10 ～ 15 张照片，若作品要求高精度时，则需要拍摄更多的照片。

柱形全景照片的拍摄步骤如下：

①将数码相机固定在三脚架上，拧紧螺丝。

②将数码相机的变焦等调至标准状态（不变焦），选择好景物后，按下快门进行拍摄。注意，第 1 张照片要选择光线适中的拍摄角度。记下此时的光圈与快门数值，并将数码相机调整到手动拍摄模式。

③拍摄完第 1 张照片后，保持三脚架位置不动。将相机旋转一个角度（每次旋转的角度可不必相同），注意保证相邻的 2 张照片要重叠 15% 以上，并且保持在不能改变焦点的情况下改变光圈等曝光参数，有条件的（很多相机支持曝光参数锁定）可进行锁定，以保证此处的一组照片曝光参数相同。此时可按下快门，完成第 2 张照片的拍摄。

④依照此方法拍摄后续的照片，直到旋转 360°，完成拍摄。

⑤由此可得到在这个位置点上的一组照片，将此组照片上传到计算机中即可进行后期制作。

（二）球形全景素材的拍摄

球形全景素材的拍摄须采用“数码相机 + 全景云台 + 三脚架”的拍摄方法才能完成。这里采用“尼康数码相机 +Guide 全景云台 +Sigma 8 mm f/3.5 EX DG 鱼眼镜头 + 普通三脚架”的解决方案。采用此方案拍摄得到的是水平方向达 120°，垂直方向达 180°的鼓形鱼眼图，需要“4 张 +1 张（天）”或“4 张 +2 张（天和地）”来拼合。通常采用“4+1”的方法，也就是水平拍摄 4 张照片，再拍摄 1 张天空照片。

具体拍摄步骤如下：

1. 安装设备

将全景云台安装在三脚架上，再安装好数码相机，调节相机到水平位置，并试着旋转，使其尽量都保持在水平位置。

2. 调节节点

节点就是相机中光线汇聚并折射的那一点。拍摄全景的时候要让相机围绕这个点旋转以便消除由于视点移位造成的拼合误差。节点和成像面是不一样的，后者往往是在 35 mm 相机的后部。而对于大多数 35 mm 相机和镜头来说，节点位于镜头内部中心的某个位置。

（1）左右调节

将相机固定在支架上后，拍摄者站到云台前透过镜头进行观察。调节相机支架使镜头的中心处在云台的中轴线上。为了尽可能精确，应该在 ±2 mm 的范围内进行调节。

（2）前后调节

这一步可以在室外轻松地完成。找到一条垂直边沿或线，如门沿或一幢楼的边沿等。把相机和三脚架放在离边沿 15～60 cm 处，或者放在尽量靠近且从取景器看边沿仍然清晰的位置。此时从相机取景器往外看，找到距离较远的另一条垂直边沿或线，如另一幢楼或电线杆，使近处的物体（如墙面）和远处的物体（如电线杆）看起来排列在一条直线上。旋转云台使它们位于取景器的左侧。然后再旋转云台使它们转到取景器的右侧。除非拍摄者在无意中进行了正确的定位，否则拍摄者应该注意到从左向右旋转云台时，这两个物体的相对位置发生了改变。拍摄者可按要求向前或向后滑动相机以消除这个相对移动。

（3）记录结果

在确定了以上两步调节的位置后，须记录下这些拍摄参数设置。全景云台上的指示器刻度大大方便了结果的记录。这些数字代表了该相机和镜头的组合的节点。如果拍摄者更换相机或镜头，以上步骤可能需要重新执行。

3. 调节白平衡

人的视觉会对周围普通光线下的色彩变化进行补偿，数码相机能模仿人类对色温进行自动补偿。这种色彩校正系统就是白平衡。白平衡如果设置不正确，将使图像色温偏冷（蓝色）或偏暖（红色）。普通拍摄者可直接采用数码相机自动白平衡，高级拍摄者也可对白平衡进行细调。

4. 调节拍摄参数

拍摄者拍摄第 1 张照片时，可将感兴趣的景物放在中心，注意选择整个场景中光线适中的位置，记下此时的光圈与快门值，并将相机调整到手动参数状态。调整鱼眼镜头焦点到无穷远。

全景摄影需要大景深，景深越大，拍摄出来的图像的清晰范围也越大，因此要把光圈调小。在光圈优先模式中调节光圈后快门速度将自动生成（一般快门速度不低于 1/125 秒，否则易产生抖动导致照片模糊）。

当光圈和快门速度调节后，如果场景偏亮，可以通过选择一个负的曝光补偿值对图像进行整体修正。如果场景偏暗，可以适当增加一点正的曝光补偿值。需要注意的是，当拍摄一个场景的两幅或三幅鱼眼图像时，不要改变此曝光补偿值，否则会导致最终图像形成明显的拼缝痕迹。

5. 按下快门

完成第 1 张照片的拍摄。

6. 再拍摄第 2～4 张照片

在 Guide 全景云台中有相应的刻度，此云台为每 15° 定位插销，将一个圆柱周长分为 24 等分，这里需要水平拍摄 4 张水平方向的照片，每拍摄一次要准确转动 6 个等分，保持拍摄的光圈与快门参数与第 1 张照片相同，此时可拍摄第②张照片；继续准确转动 6 个等分，保持与第 1 张照片拍摄的光圈与快门参数相同，拍摄第 3 张照片；再准确转动 6 个等分，拍摄第 4 张照片。

7. 拍摄第 5 张照片

第 5 张照片拍摄天空，需将全景云台的水平条向下旋转 90°，使相机竖直向上，保持与第 1 张照片拍摄的光圈与快门参数相同，拍摄第 5 张照片。注意拍摄者要低下身体，不要将头部置于拍摄范围之中。

8. 准备拍摄下一点

将全景云台还原并移动拍摄设备到另一场景。拍摄者须重新调节设备至水平位置，先用相机测光，再调到手动曝光参数，进行下一点的拍摄。

（三）对象全景素材的拍摄

对象全景素材的拍摄通常可采用“普通数码相机＋三脚架”完成。要拍摄 360° 全景，拍摄者须拍摄一组照片，且相邻两张照片为了拼合的需要须重叠 15%，因此需拍摄 10～15 张照片，若作品要求高精度时，则需要拍摄更多的照片。

对象全景照片的具体拍摄步骤如下：

①将对象物体放在旋转平台上，确保旋转平台表面水平且物体的中心与旋转平台的中心点一致。如果没有旋转平台或被拍摄物体不适合放在平台上，也可采用被摄物体不动，相机移动的拍摄方法。

②将相机固定在三脚架上，调节相机使其中心高度与被摄物体中心点高度位置相同。

③在物体后面设置背景，以便在后期图像处理中将物体隔离出来。可以使用白色背景。

④在开始拍摄时，须每拍摄一张后，将旋转平台旋转一个角度（360°／张数），重复多次，拍摄一组照片。关于拍摄照片的数量，可根据全景作品的用途来确定。如果用于网络展示则拍摄 12 张左右，而制作 CD、触摸屏或本地计算机展示则一般至少要拍摄 18 张以上，甚至有时要拍摄 36 张。

第三节 手机全景作品的拍摄与制作

一、手机全景作品的拍摄技术

随着智能手机的普及，手机全景拍摄逐渐成为人们日常生活中常用的一种拍照模式，它更广的取景范围使照片本身能够容纳更多的风景，不必再去进行后期的拼接，并且随着智能手机硬件的不断升级，手机全景照片在拍摄完成后自身合成的速度相比之前也有大幅提升，基本上是拍完即合成完，用户体验也进一步提升。手机全景拍摄广泛应用于户外旅游、全景看房、会议现场等场合。

二、手机全景拍摄设备

（一）手机全景拍摄——鱼眼外置设备

手机鱼眼镜头是可以直接安装在手机上使用的小型鱼眼摄像头。其主要产品有：斯泰克AK033、华为全景相机、卡色（Kase）手机镜头、思瑞360全景手机镜头等。

这里主要对华为全景相机进行介绍。华为全景相机支持微博360°全景直播，互动时无需来回调整手机角度，可提供多视角窗口，360°全景拍摄，并一键生成全景图片。配备前后1300万像素、210°广角组合摄像头，可拍摄5K画质全景照片，录制2K全高清视频。它可以帮助用户随时随地创作VR作品，支持华为VR或其他VR设备浏览，同时支持微博、微信等国内外主流社交平台分享作品。兼容华为Mate、P、Nova系列手机以及其他USBType-C接口，安卓6.0版本以上手机系统。即插即用，小巧便携。用户在使用时需要下载对应的“华为全景相机”App。

（二）手机全景拍摄——手机云台和三脚架

手机云台是固定手机的支撑设备，它分为固定云台和电动云台两种。手机云台目前主要应用于直播、夜景、慢动作、延时全景等视频拍摄中。在手机云台的配合下，手机拍摄画面更为稳定，成像效果更好。三脚架可以为手机云台提供支撑，主要在不方便手持或者身处特殊地形时使用。

手机云台的主要产品有大疆Osmo Mobile 3（灵眸手机云台3）、大疆口袋灵眸云台相机等，三脚架的主要产品有思锐（SIRUID）A1005+Y10等。

这里主要对DJI大疆Osmo Mobile 3进行介绍。通常由于内部空间限制，手机会选择电子增稳，通过剪裁画面的方法“防抖”，但这种方式会损失画质，无法彻底消除抖动。而大疆灵眸三轴机械云台利用高精度无刷电机，根据云台姿态进行实时调整补偿，消除画面抖动，实现无损防抖，所见即所得，视频拍摄极为顺畅。同时灵眸手机云台 3 更轻更小，一次折叠即可完全收纳，带来全新的使用模式，可在收纳时使用手机并随时切换到拍摄状态，无论是日常自拍还是旅行拍摄都可以应对自如。

精心设计的云台倾角，符合人体工程学，即使长时间拍摄，人也不易疲劳。自带的 Story 模式拥有专业摄影师制作的大量拍摄模板，选择模板后，云台将按照设定的轨迹运动进行拍摄，同时它为用户提供了各种风格的音乐，支持导入自己喜欢的乐曲，拥有多种转场效果等。可在后期进行精细编辑，并将作品快速分享至社交媒体和短视频平台。

灵眸手机云台 3 的手势控制得益于新的视觉识别算法，前置与后置相机都能识别手势动作。对着镜头做出简单手势即可触发跟随以及拍摄照片、视频。简单框选、单击模式切换按键或面对镜头做出手势，云台即可智能跟随目标，轻松完成运动、环绕等多种场景的拍摄，深度学习和计算机视觉算法的结合，提高了云台识别和跟随的成功率，使跟随更加流畅。该款云台同时具有全景拍摄、延时拍摄、慢动作、横竖自拍无缝切换、单手拍摄滑动变焦等多种拍摄模式。

（三）手机全景拍摄——全景合成软件

手机全景合成软件是在手机全景拍摄的基础上对所拍摄的内容进行后期整合处理并且输出的工具。相关软件主要有“转转鸟”、百度圈景、360VR、ipc360 等。

这里主要对“转转鸟”App 进行介绍。转转鸟全景相机是由浙江得图网络有限公司自主研发的全景拍摄类应用，在多照片拼接融合技术上具有领先优势，合成的全景图片支持多类型终端的展示。除了全景拍摄功能外，该 App 还具有基础社交功能，可查看其他用户的全景照片，进行用户关注，查看优秀全景照片等。

转转鸟是一款真正的 360° 无死角球形全景相机 App。它以引导式的拍摄方式，利用先进算法将多张图像拼接成真正的 360° 全景图片，并可一键分享至微信朋友圈、微博等社交平台。可以通过转转鸟 App 欣赏世界各地的景观，关注优秀的全景摄影师，找到志同道合的朋友。同时它提供专业的图片云端存储功能，可以将图片保存于云端，通过计算机、手机方便管理珍贵图片。转转鸟 App 支持目前市面上所有型号的苹果手机，支持 Android 4.1 以上的设备。

三、手机全景拍摄

为保持手机拍摄的稳定性，通常采用一些器材来辅助拍摄。大疆灵眸手机云台 3 是 DJI 大疆创新发布的全新一代手机云台，重量只有 405g，一次折叠即可完全收纳，方便使用。

⑴在开始拍摄前，需要对全新的大疆灵眸手机云台 3 进行设置。将手机安装在云台上面，红色箭头所指的方向即手机摄像头方向，握住俯仰轴电机固定，左右移动手机，直至手机在自然状态下保持平衡。

⑵长按 M 键 1.5 秒，听到“咚”的一声，云台开机。打开手机蓝牙，运行 DJI Mimo 应用程序，单击左上角的摄像头标志，选择需要连接的设备，DJI Mimo 将弹出提示，根据该提示填写用户账号，完成设置步骤。

⑶灵眸手机云台 3 的侧边有一个 Type-C 接口，支持给云台和手机充电。

⑷云台正面有 3 个按钮，分别是 M 键、拍摄键和摇杆键。长按 M 键可以进行开关机操作，单击可切换拍照和录像，双击可切换横竖拍，三次快速单击，云台则进入休眠状态。拍照时可以通过上下左右推动摇杆控制云台镜头移动，调到合适位置后，按下拍照按钮，即可拍出想要的照片。如果要进行变焦，则可以使用变焦滑杆，上下滑动滑杆控制变焦。

⑸进行旋转拍摄，将周身 360° 空间拍摄成若干张照片，需要注意的是每张照片需要有 30% ～ 50% 的重合部分，尽可能拍摄的数量多一些，同时注意选择较开阔且人较少的地方作为拍摄场地，以方便后期处理。

拍摄完成后将手机拍摄的照片导出至计算机，打开 Photoshop 软件。选择菜单栏的“文件”→“打开”。

选择事先准备的图片素材（按快捷键“Ctrl+A”可以选择全部照片，按住“Ctrl”键可以进行照片多选），单击“打开”按钮。在这里可以看到打开的文件，单击上面的标签可以切换照片。

选择菜单栏“文件”→“自动”→“Photomerge”。

打开“Photomerge”，单击“添加打开的文件”按钮。中间会列出在 Photoshop 中打开的文件，在左侧的面板中选择“自动”（其他的选项也可以选，效果会略有不同），单击“确定”按钮。耐心等待图片合成完毕。

选择工具栏里的“裁切”工具把边缘的空白处去掉。

最后将处理完的图片保存为“.jpg”格式供后期制作使用。

第五章　虚拟现实技术在艺术设计中的应用

第一节　虚拟现实艺术设计的概念

虚拟现实技术可以模拟三维和实体的环境，在 VR 越来越火的时代，各种行业人争相在虚拟现实的产业里分一杯羹。当然，艺术设计领域的设计师们也不会错过如此媒介融合的时代盛宴，将虚拟现实技术、虚拟现实的审美理念与艺术设计相结合，成了新媒体时代里艺术形式的完美突破。

理解虚拟现实艺术设计，先了解“艺术设计”本身。可以称其为“美术设计”，其定义为：在美术领域，使用不同材料以实现预定整体形象的行为，与“意匠”相近。设计既要追求对象美、造型，也要实现对象功能。“艺术设计”特别强调在绘画、雕塑、建筑、工艺等活动中，视觉造型因素的配置，在实现对象结构和功能的同时，更重视对象的视觉造型形式和审美效果。

简单说，艺术设计是一种结合了美术和实用性的创造性活动，设计者通过创造性的构思与计划来实现对审美效果的呈现，从而产生兼具实用性和艺术性的设计作品。也可以这样说：艺术设计是一种将设计师的创造性构思和计划视觉化的活动，以呈现作品的审美效果为主要目的。它是一种高层次的意识形态构建，既是物质生产劳动，也是精神生产劳动。它不仅强调功能和满足人类需求，更注重具有审美意义的艺术品。与注重制作手段的技术设计不同，艺术设计更注重审美效果。

但是，自古艺术本就依托于各类技术手段为呈现的，艺术与技术总是密不可分地联动发展。尤其放眼在新媒体时代，新媒体的交融性催生了艺术的表现形式也更加交融性发展。所以，就有“交互式艺术”的概念出现。这种可以集合装置、互联网、摄录设备和所有一切可想到的媒介为一体的新媒体艺术方式，已经极大地挑战了传统绘画、雕塑的有关类型学理的甄别。换句话说，某种时刻，我们已经很难定义一部在互联网平台播放的多媒体影像作品、一场别开生面的全息投影的话剧，这些到底从属于哪种艺术的细分领域中。

科学技术的进步对于设计领域产生了深远的影响。随着计算机的普及，计算机艺术设计的出现表明了高科技和现代美学的结合。现代设计的发展历史证明了科学技术与艺术的有机结合。设计的本质是一种将科学技术与艺术相结合的产物。艺术设计借助科学技术的助力，不断创新，不断向前发展，为人们带来更多优美的生活环境和产品。现在，艺术设计正在探索虚拟现实等新技术，不断开拓艺术设计的新领域，为人们带来更多的惊喜和体验。

那么，当艺术设计与虚拟现实技术相结合，又会出现怎样的艺术理念与感知的变革呢？何为虚拟现实艺术设计？在作出概念解释前，不妨先对行业中已有的表现形式进行粗略的梳理，再来进一步理解虚拟现实艺术。目前有关虚拟现实艺术设计所涉及的细分领域主要表现在以下几个方面：

一、平面设计

随着科学技术的不断进步，设计师们能够更快捷、高效地完成设计工作。计算机软件可以让设计师更快速地模拟设计，并且可以灵活地进行修改与调整。这样的话，设计师们能够更多地集中精力于思考和创作，而不是在手工作图上花费大量的时间。总的来说，科学技术的发展极大地提高了设计工作的效率，也为设计提供了更多的创意空间。在这种情况下，设计师不仅可以更方便地绘图，而且可以在虚拟现实中进行试验，以更直观的方式了解他们的作品，并对其进行实际测试。这种方法不仅可以大大提高工作效率，而且可以让设计师对作品产生更直观的理解，进而提高设计质量。

二、室内设计

虚拟现实技术在室内设计领域都可以有很好的应用，可以更直观的向客户展示设计方案，客户可以在虚拟现实环境中漫游，更加深刻地理解设计的效果。虚拟现实技术的应用还可以使设计师更加简便快捷地完成设计任务，提高设计效率。VR技术在室内设计领域有着广泛的应用，比如说，客户在不用实际移动的情况下，就可以通过VR技术在虚拟世界中感受到最终装修效果，进行修改和完善，极大地方便了客户和设计师之间的交流和协作。

三、服装设计

通过虚拟现实技术，服装设计师可以更方便地展示设计作品，让客户在虚拟环境中体验并评估设计作品，而不必制作实物，这样不仅大大节省了成本，同时也有助于加快设计流程，提高设计效率。

四、建筑设计

虚拟现实技术改变了效果图的展示方式，把平面的效果图转化为了可交互的三维模型，建设设计人员可以在虚拟环境中实现对建筑设计的全方位呈现，与客户进行全面的沟通，从而提高设计的效率和质量。更重要的是，虚拟现实技术还能帮助预测并预防项目可能出现的技术和安全问题。同时，通过虚拟现实技术，建筑师和客户可以在设计过程中进行实时的沟通和交流，并对设计进行即时修改，提高效率和准确度，同时减少设计中的沟通误差。总体上，虚拟现实技术为建筑设计带来了更加逼真、可操作性更强的效果展示方式。

五、汽车设计

虚拟现实技术已经在汽车制造业中加以应用。在汽车设计阶段，虚拟现实技术有助于厂商更快、更直接地捕捉到问题并对设计进行修改。在使用VR技术的同时，设计师和工程师可以与客户进行协作，以共同决策最终的设计方案。这样可以提高效率，缩短设计周期，并且能提高客户的满意度。

虚拟现实艺术设计是利用虚拟现实技术，结合艺术设计的原理和方法，为人们创造出身临其境的艺术环境和作品。它是以计算机为平台的艺术设计，属于计算机图形艺术设计的一个分支。

虚拟现实艺术设计是以计算机技术为基础，运用图形、色彩、文字、空间、光线、质感等视觉元素创作的一种艺术形式。它结合了传统艺术设计的造型原则和形势法则，并以人的感官体验为基础，创造出身临其境的艺术环境和作品。虚拟现实艺术设计与传统艺术设计在审美和视觉效果评价方面也有相似之处。如：虚拟现实艺术设计通过虚拟现实技术，实现了界面的穿越和人机互动；它打破了时空的限制，使艺术作品能够被人们体验到现实生活中无法感受到的东西；还可以让人们与艺术作品进行自然的互动。

计算机艺术设计利用计算机图形学等技术在虚拟空间中创造形象。虚拟现实艺术设计则通过使用虚拟现实技术，让人们通过穿越虚拟界面来感知并体验虚拟空间中的形象。虽然创作空间和方式有所不同，但目的都是达到形象的创造和表现。而虚拟现实艺术设计则是设计师利用虚拟现实技术在数字空间中创造出形象，并能让使用者通过设备进入数字空间并直接体验到形象，比计算机艺术设计拥有更丰富的互动性和沉浸感。

虚拟现实艺术设计让设计师和欣赏者不再只是通过屏幕观看艺术作品，而是可以完整地融入虚拟环境，体验到前所未有的艺术体验。这是一种全新的艺术形式，对于创造艺术形象、探索艺术作品具有广阔的潜力。因此，虚拟现实艺术设计在艺术设计领域拥有了更大的可塑性和更深入的可体验性，也为艺术设计的未来提供了广阔的发展空间。同时，虚拟现实艺术设计具有高度的互动性和可操作性，使设计师和欣赏者能够以更具体的方式，从多个角度以及更真实的环境中观看和体验艺术作品，进而提高对艺术作品的理解和欣赏。因此，虚拟现实艺术设计是一种非常先进的艺术设计形式，具有广阔的应用前景。

虚拟现实艺术设计对观众的参与度的调动性会更加主动、充分一些。上段所说的对艺术成效的检验可以更及时地反映在艺术接受者的观赏体验中。如果沉浸性不高，或者造成眩晕感和卡顿等现象，则可以第一时间表现出来。伴随着观众需要更多地使用配套设备参与作品的欣赏或者互动，可以看出，在艺术的审视中，观众的地位再次获得更多的主动权。

第二节　虚拟现实艺术设计的特征

艺术品在创作和流通的过程中，有两大主体，即艺术创作者和艺术接受者。艺术家作为艺术创作者创作出艺术品展示给作为观众的艺术接受者，一部完整的艺术品最后必须经过艺术接受者的评定。所以，本节从虚拟现实技术应用的情境下，以作品本身的特色、艺术家在创作过程中的特色及艺术接受者的特征中去剖析虚拟现实艺术设计的特征。

一、虚拟现实艺术设计作品特征

（一）非物质性

新媒体时代的第一表现便是数字化技术为支撑的信息时代，而信息时代最显著的表现便是以计算机技术为支撑的传播进程。在这样的数字化时代里，艺术作品如同信息一样，最突出的特点便是“非物质性”。虚拟现实艺术设计和传统计算机艺术设计不同，其中设计作品是由一系列数字数据构成，通过程序在计算机环境中进行渲染和呈现。这种数字设计方式允许更多的创造和定制，并且具有更高的灵活性和可操作性。比特和字节通过计算机硬件设备以虚拟的形式展现出世界的全貌和艺术作品的内容。这些基本单位没有颜色、体积、重量和尺寸，与传统美术设计截然不同。因此以比特作为最小组成元素的虚拟出来的“世界”被称为非物质世界，以此来区别现实世界。

具有非物质特征的虚拟现实艺术设计作品大大改变了传统艺术设计在创作、交流、展示和审美欣赏方面的模式，开创了艺术设计领域的新天地。最显著的变化是超越了传统艺术设计的物质属性，在时间和空间上具有极高的自由度，为创作者提供了更广阔的想象和创造空间。

数字化时代是一个信息以数字形式存在，人们生存越来越依赖数字工具计算机的时代。计算机的出现带来了生存方式与信息传播的新纪元。“数字化时代”是一个信息存储和使用以数字形式为主的时代，计算机的不断普及与升级改变了人们的生活方式。这个时代的特点是人们的生活与信息传播更加依赖数字工具，从而出现了诸如网页设计、多媒体设计、视频设计、电脑动画等新的艺术设计形式。

（二）现实性

虚拟现实是建立在模拟和仿真客观现实世界的基础上，获得真实的沉浸体验。虽然它是虚拟的、数字化的，但它反映的是现实世界的客观真实性。为了让用户获得真实的感受，虚拟现实与现实世界必须有一个映像对应的关系。虚拟现实艺术设计是以数字化技术为依托，创造出与现实世界紧密相关的虚拟现实世界。这样的虚拟世界必须根据现实世界的客观规律和物理逻辑，形象地模拟现实世界中的真实景象和自然现象，以便使用户能够获得真实的沉浸感。虚拟现实艺术设计的本质在于反映现实生活，这是美术和艺术的根本来源。

虚拟现实设计中，现实世界是被模拟的对象，表现在三方面：首先，虚拟现实艺术设计可以模拟人的各种感官的刺激，包括图像、声音、震动等；其次，这些虚拟现实设计作品也是对现实世界的模拟，在虚拟现实艺术设计中，现实世界的特征和属性都要表现出来；第三，虚拟现实设计是数字的非物质形式，但观赏主体存在于现实中，创作者和接受者在体验时都是根据现实世界的经验设计和评价的。

可以看出，虚拟现实艺术设计本质上是对现实世界的模仿和描述，是对现实世界属性的复制和反映。虚拟世界对现实世界的“创造”以现实世界为基础，本质上是人脑和人类理性思维的延伸。艺术家在虚拟世界中的创作行为效果最终需要在现实世界中得到验证和实现。

（三）超越性

虚拟现实艺术设计的魔力又在于它来源于现实、反映现实，但它是非物质性的，是比特的存在。而这种比特的存在表明这些以虚拟现实技术为依托的艺术作品可以在设计上脱离传统艺术设计中的纯物质属性，或者说，不再被物质属性所限制。虚拟现实中的数字技术意味着所有的设计本身是可以被编程的，这就说明计算机编程可以完成一切传统设计中的“不可能”。换句话说，虚拟现实中的艺术设计，来源于现实，同时又大大超脱于现实，比传统美术设计更丰富。它们将一切在传统画作中那些可感知、触碰的线条、技法，变成了一节节字符、编码，最后计算机技术的算法取代了传统艺术设计技艺中的技法。

虚拟现实艺术设计作品的超越性表现在以下两个方面：

第一种是用计算机数字化语言去展现人工世界的算法语言，并打破空间上的限制，在计算机生成艺术作品的维度下，无止境地不断突破三维到四维的立体空间的创作。这样的艺术设计更像是科幻电影《星际穿越》中的“虫洞”，人类从传统的平面设计到立体图形设计，再到永无止境的多维空间设计。在虚拟现实设计中，如风景区旅游景点的设计，可以让观众足不出户就可浏览世界上任何地点的名胜景点，也可以一定程度地违背物理原理，从各角度来观察事物。

第二种是时间上的可操作性。艺术主体可以随时靠保存、暂停、快进、回放等多种形式去浏览虚拟现实艺术作品，且打破了地域限制，一切可以通过互联网完成。它可以根据需要，灵活地扩大或缩小虚拟世界的时间尺度。同时，虚拟现实艺术设计可以逼真的达到让观众在数秒内就可领略火山喷发、山崩离析的自然壮景，也可以观察细胞分裂时的细微末节，又或者是子弹穿过的慢镜头。

总之，虚拟现实艺术设计可以突破空间和时间，突破技法和纸张等界面，让观众去体验传统艺术创作中的种种不可能，可以使人进入宏观或微观世界的研究和探索，也可以完成那些因为某些条件限制难以完成的事情。一个形象的例子，在古罗马时期的画作，画家需要靠临摹和虚实相间的技法去展现帝王将相的威武之躯，而在虚拟现实艺术设计中，帝王将相不仅可以靠Photoshop这种简单的绘图软件去展现人物的高大感，还可以通过虚拟现实技术，让观众“走近”帝王，甚至是产生互动。

（四）集成性

虚拟现实作品特别是沉浸式虚拟现实作品，集合了多种媒体形式，每种形式都有独特的含义，并通过整合产生新的艺术形式。这增强了艺术设计的语言多样性和丰富性。

虚拟现实是融合了时间和空间的艺术形式，它的集成性特征使它可以适应传统的艺术设计领域并吸收其表现方式，创造出独特的艺术作品。此外，虚拟现实还可以结合多种感知元素，如视觉、听觉、触觉、嗅觉和味觉，使用户无法区分真实与虚拟，从而体验到身临其境感受。

二、虚拟现实艺术设计创作特征

虚拟现实艺术设计除了自身审美特性外，还在艺术家的创作过程中有着不同于传统艺术设计的特点。在这里，笔者以传统艺术创作的创作特征与虚拟现实艺术设计的创作特征进行对比分析。

首先，虚拟现实艺术设计属于艺术设计领域，它与传统艺术设计一样，都是一项有目的、有计划的活动。但在艺术家的创作方式上区别于传统美术艺术，更多是面对新媒体时代的市场竞争激烈的情境下，以受众需求为向导，以技术为创作基础的。

对虚拟现实艺术设计的艺术家来说，他们除了习得艺术家本身的特长之外，还需要掌握更多技术要领，尤其是计算机图形设计的技艺。这类艺术家在作品设计创作中，应该捕捉和挖掘受众的需求。艺术设计师需要根据市场需求进行形式分析，并考虑当前的数字技术水平和艺术风格；然后，他们需要与工程师进行沟通，确定作品的外观特征和实用方法；最后，设计师和工程师需要共同进行技术和审美上的再加工，以完成最终的虚拟现实艺术品。

艺术设计师与实用美工师的不同之处在于，前者是从一开始就与设计工程师一起工作，对整个作品负责，后者则是在计算机编程设计或制作出产品的功能形式和技术形式后才进行自己作品的创作，只对其艺术性负责。也就是说，艺术设计师需要掌握技术知识，并将技术与艺术结合起来。因此，虚拟现实艺术设计并不是传统的美术设计，也不仅仅是计算机图形设计中的表面装饰，而是在整个创作过程中利用虚拟现实技术进行有目的性和规划性的设计。

最重要的是，艺术设计在虚拟现实技术的应用下，其创作过程是一个数字化的构建过程，艺术作品实现的也是展示一个虚拟世界的感觉映像的过程。一般来说，在制作虚拟现实技术的设计作品时，整个创建过程可以分为三个阶段：先是选择真实世界的外貌、声音等典型属性，建立模型；然后是使用软件工具制作虚拟现实的表达；最后是将软件系统与硬件结合，实现最终的虚拟世界。

虚拟现实技术在艺术设计中的使用是一个非常复杂的过程。它需要考虑到观众的参与性，并将作品的视听效果和触觉等所有可能的信息进行结合。通过数字化的虚拟现实技术，艺术设计师可以对作品进行量化或定性的表达。这些有用的结论可以帮助艺术设计者更全面地了解观众的体验，并将这些结论融入创作的全过程中。因此，在制作虚拟现实艺术作品时，需要将定量和定性两者相结合，以确保作品的完整性和高质量。

使用软件工具制作虚拟现实是关键的一步。这个过程包括绘制计算机图形和定义应用接口。

虚拟现实的制作需要使用虚拟现实引擎和虚拟现实工具包，制作出的虚拟现实系统可以通过接口设备让观众体验。这些过程要求设计师具有更高的技能和素质。他们不仅需要超前的艺术理念为支撑，还需要更多技术型专业性的知识技能为实践储备。从以上也可以看出，虚拟现实技术领域中的艺术设计是未来数字化艺术设计师们提升技能的重点领域。

三、虚拟现实艺术设计受众特征

虚拟现实艺术设计的受众特征就是指观众在感触艺术作品时的欣赏特征。这种欣赏特征首先表现在受众感知的多元性上。与传统艺术形式相比，如电影类的艺术形式，不外乎也仅是调动了观众的视觉与听觉的特性，更不用说传统美术、雕塑类作品了。而虚拟现实艺术设计的多感知性表现在具备传统艺术设计的所有感知系统外，既可以集合多重感知为一体，还可以探索更多的人类感知经验。

虚拟现实系统，特别是沉浸式虚拟现实系统，通过提供多种感官信息（例如触觉、嗅觉、味觉），使用户更逼真地感受到场景中的物品，以获得更为逼真的体验。在设计过程中，制作人员会记录场景中物品的重量、硬度、温度、湿度、表面光滑程度等属性，然后通过同步运作画面、声音、动作等实现这些特征。在欣赏过程中，用户通过佩戴操作装置和信息反馈系统的设备，可以感受到物体的轻重、软硬、冷热、干湿等特征，并且可以在虚拟场景中触摸和移动物体，进行如握手、搬运、驾驶、折断等操作。综合来看，目前一般的虚拟现实所具有的感知功能还仅限于视觉、听觉、触觉等。

紧接便是虚拟现实艺术设计的受众主动参与性的特征，即交互性。

任何虚拟现实技术下作品的显著特点之一都是人与作品的交互性，当然，虚拟现实艺术设计也不例外。交互性是新媒体时代的本质特性之一，它是使用者与接受者相互交流的根本途径，也是传统艺术走下高高在上的殿堂成为喜闻乐见的艺术品的媒介基础。在虚拟现实艺术设计中，它是欣赏者达到真正互动性思索和沉浸式交流的重要方式，也是观众与虚拟世界的仿像进行互动的入口。这种对观众提出的观赏高动力是传统艺术设计所不具备的。同样，艺术设计领域中VR应用的互动方式也大致分为人眼的视觉交互和观众与作品之间的行为交互上。欣赏特征中的交互特征能让观赏者在虚拟世界中实现许多亲身感知，使用设备可对虚拟艺术品进行操控和游戏。

虚拟现实美术设计中人的视线以计算机图形设计为基础的应用是视觉交互最直接的体现，计算机能够生产随着人与图像的互动对应地进行新的图像运动轨迹的刷新与渲染。据资料显示，为了实现这种视觉交互性，计算机系统需要有每秒感应60次不同方位动作的能力，以及至少要有30～60Hz的图形更新频率，也就是说，将当前三维场景渲染为一幅画面的时间要在0.03～0.16秒之间，这样才能使人同步感受到图像的变化，如同在真实世界中一样。

而人与设计类作品的互动除了视觉上的还有行为本身的交互性，也就是与虚拟空间的互动。如果说视觉交互还停留在“平面”的视觉图像上，那么，行为交互则是更“立体”的互动方式。因为视觉上的互动无论如何是体会不到有关图像中物体重量、软硬属性的。而行为交互则是以触觉、味觉等形式为虚拟物体赋予更多的属性体验，如材料学属性和运动学属性等，并使人能通过硬件设备触摸到这些物体，同时通过计算机系统实时地把这些属性传递给人手指、手腕上的控制设备，产生与人触摸真实物体时同样的刺激和反馈。

第三节　虚拟现实艺术设计的细分领域

艺术设计的细分领域非常繁多，按照艺术专业来细分的话，包括视觉传达设计、环境设计、包装设计、多媒体设计、网页设计、广告设计、室内设计、版式设计等等。虚拟现实艺术设计，顾名思义，就是利用虚拟现实技术与传统艺术设计进行结合的新媒体艺术产物，其特征如上文所述，是计算机图形设计领域中最具沉浸式体验的交互性设计。若要对虚拟现实艺术设计进行分类的话，可以从“实现手段”和“视觉效果”两个角度出发，去理解不同细分领域下的虚拟现实艺术设计。

一、按照实现手段细分

按照实现手段细分的虚拟现实艺术设计是指强调虚拟现实技术的三种主要实现方式去表现艺术设计，可分为沉浸式、桌面式和网络式三种。

（一）沉浸式

沉浸式虚拟现实技术通过多种硬件设备，如头盔式显示器、高性能计算机、音响系统和数据手套等，为设计师提供多感官的直观体验，让设计师体验到在设计作品虚拟环境中的身临其境感。

沉浸式虚拟现实艺术设计可以增强观众的体验以及创作者的行为操作方式。目前它还没有被广泛采用，但随着硬件设备性能和价格的降低，将在艺术设计领域得到普及。

（二）桌面式

桌面式虚拟现实艺术设计能够提供给设计师更为方便、快捷和精确的操作体验，让设计师能够在计算机上实时地对三维虚拟空间进行交互操作，让设计师能够更好地控制和理解设计作品。因此，桌面式虚拟现实艺术设计将成为设计师创作虚拟现实艺术作品的一个非常有效的工具。此外，设计师还可以通过虚拟现实设备，如 VR 头盔和手柄，更直接地与虚拟空间中的对象进行交互，如改变大小、形状等，以便更直观地实现设计效果。这样，设计师就可以在不使用高端设备的情况下，也可以体验到虚拟现实艺术设计带来的沉浸式体验。同时，桌面式虚拟现实艺术设计可以节省成本，提高工作效率，是一种不可多得的创作方式。

虚拟现实技术在环境设计和室内设计领域的应用，有很多优势。它不仅能提高设计效率，也能让客户更好地理解设计方案，并且可以模拟复杂的环境效果。另外，设计师可以在虚拟现实环境中模拟实际环境，并在此基础上对设计方案进行修改，从而实现对设计方案的完善。在中国，越来越多的公司在从事 VR 环境和室内设计领域的工作，且已经开展了人才培训。桌面式虚拟现实技术在室内装饰设计中的应用为设计师和客户提供了更多的灵活性和便利，同时可以提高效率和减少设计纠纷。

国内目前这种设计更多就是以全景图合成的方式进行，用户利用全景图合成软件，将渲染好的图片系列进行新图片的合成处理，配以三维眼镜便可观看成像。

（三）网络式虚拟现实艺术设计

网络虚拟现实艺术是网页艺术的进一步发展。传统的互联网是基于超文本标记语言的文件访问媒介。它通过视觉图标、控制面板和菜单，将文字、图像、声音、动画等元素以层次化、链接化的方式整合在一起，从而用窗口营造出一个二维的世界。

网络虚拟现实艺术设计基于VRML（虚拟现实建模语言），是一种在网络上使用的三维形状和交互环境的场景描述语言。它使信息能够在交互式三维空间中表达。当用户漫游互联网并访问VRML站点时，VRML浏览器会将VRML语言中的信息解释为虚拟空间中目标几何形状的描述，当用户在空间中移动时，浏览器会实时绘制并显示该空间。VRML使互联网的平面世界成为一个可导航、超链接的三维虚拟空间，使互联网具有强烈的沉浸感和完整的交互功能。人们不仅可以浏览互联网上的三维虚拟空间，还可以实时操纵其中的物体。

目前国内外比较著名的在线虚拟现实艺术设计软件有Cult3D、Anark等。例如，Anark Studio是一款专业的基于网络的虚拟现实设计软件，这是一款强大的内容编辑软件，可以将3D和2D图形、视频、音频、文本和数据结合起来，创建单个流交互演示，使作者能够利用现有内容在多层媒体环境中开发视频级演示方案，并可以创建具有视频级显示的多媒体交互作品。它可以无缝连接2D三维模型、图像、视频和音频。通过Anark Studio，设计师可以创建一个逼真、华丽和交互式的3D虚拟空间，从而将普通的互联网界面转变为一个广阔的3D世界，人们可以通过鼠标以许多不同的方式与3D虚拟空间中的对象进行交互。例如，可以改变对象的颜色，可以控制对象的移动、旋转和缩放。阿纳克研究公司让人们以一种全新的方式在互联网上交流互动。目前已应用于远程教育、电子商务、在线产品演示等领域。

二、按视觉效果分类

虚拟现实艺术设计按视觉效果分为两种形式：一是对传统的复现到超越，二是幻想性的虚拟。

（一）对传统的复现到超越

虚拟现实艺术设计的第一层面的符号意义便是对现实的模拟与高仿真。初级的VR艺术设计首先要做到外形相似，即在视觉上和真实物体相似。需要首先解决形状的相似，可利用几何建模的手段完成，让虚拟物体的外形与模拟对象一致。还有就是在感觉上与真实物体相似，可采用物理建模的手段。物理建模就是对物体进行纹理、光照和颜色等的细节处理，使人们可以感受到它的材质。

为了逼真地再现现实世界，给人一种身临其境的感觉，需要设计出在形状和质量上与现实物体相似的虚拟物体和虚拟空间。虚拟现实技术一直在强调虚拟空间的真实感与现实世界的现实感没有差别。VR 艺术创作好像是雕塑创作，当穿越到虚拟空间进行创作，画家本人可以走进自己的立体作品内部，进行艺术品的内部创作，这是现实世界的艺术家所不敢想象的，所以 VR 艺术创作本身具有超现实主义的色彩。

除了上述在视觉上建立起一个仿真超现实的虚拟性外，虚拟现实技术引入艺术创作的更大的优势是对传统画作进行再创作，从简单的立体复现到超越传统的能力上。目前，很多 VR 艺术品便是建立在对经典致敬的基础上，对经典进行再创作的设计思维。

（二）幻想性的虚拟

幻想性的虚拟是指架空现实，达到一种极致幻想的虚拟空间设计，它并非要以模拟现实的真实性上作出努力。换句话说，对现实中的不可能进行虚拟现实的艺术设计，如对神话、传说地场景的展现。虽然内容上可以是子虚乌有、非常荒诞的，却象征着人类文明历程探索中的永无止境，为人类艺术创作带来更广阔的想象空间，代表着人类的智慧。这一点，在艺术上本身就是共通的，艺术来源于生活，却高于生活。

总之，当艺术遇上虚拟现实技术，在未来几年中，很有可能发生翻天覆地的大变化。我们可以畅想，当草间弥生遭遇 VR 艺术，她面临的问题是如何离开平面绘画的习惯，戴上 VR 头显，拿起虚拟的调色板，在虚拟空间里面创作她喜欢的圆点、南瓜，圆点变成圆球，平面南瓜变成立体南瓜，布置在虚拟的艺术空间里面。未来肯定还有更多建筑师、设计师、雕塑家、导演等人加入虚拟创作的行列。

第四节　虚拟现实与产品设计

一、数字化产品发展对设计的影响

数字化产品的快速发展是推动产品设计智能化和数字化的趋势。以数码产品为例，其发展趋势体现在以下几个方面：

（一）数字化、界限模糊化、多样化和集成化

当前科技的发展使数字化的步伐加快是消费类数码产品一个最突出的特点。

1. 数字化

目前人们关注的市场热点，如数字音频、数码相机、数字电视等产品。因此，数字环境建设的概念，如数字城市、数字家庭等也应运而生，并很快成为热门话题和人们的焦点。

2. 多样化和集成化的趋势明显

目前，各种游戏机、摄像机、数字相机及多媒体设备等正逐步侵占以电视、音响为代表的传统家庭娱乐设施阵营。

3. 界限模糊化

目前，计算机、消费类数码产品和通信设备之间很难划分出清晰的界限，只能用模糊的界限来划分。比如拍照手机、平板电脑等产品正在进行技术升级，很难按照现在的标准进行分类，它们之间的界限已经模糊。

（二）视听技术与高科技信息技术结合紧密

现在流行的网络电视就是消费类数码产品和信息产品无线联网的典型例子，说明视听技术和信息技术的紧密结合已经成为一种趋势。另一个典型的例子是蓝牙技术的应用。这是目前市面上非常流行的无线组网技术，几乎随处可见。可以说，个人电脑、移动通信等各种消费类数码产品都可以通过无线联网。

（三）消费类数码产品越来越“人文化”

技术的新颖是产品的一大卖点。此外，尽可能满足消费者的需求，体现产品的“人文”也是一个销售热点。比如现在已经应用到电视机上的技术，可以自由存储用户喜欢的节目，可以根据客户的要求编制电视节目菜单，这是以前的电视机做不到的。

（四）无线应用技术成为时尚

随着无线技术扩展到各个领域，人们的生活发生了巨大的变化，工作方式也发生了变化，因为这套高科技设备可以及时提供视听、文字传输、图像和网络服务，从而引领了人们生活和工作方式的变化。

（五）互联网商务产品

互联网无疑是20世纪以来人们讨论的焦点。随着互联网的快速发展和电脑的普及，人们在外工作或在家生活都非常方便。比如购物，网购已经成为人们的重要消费方式。

从上面的讨论中不难看出，数码产品的快速发展为VR技术的发展提供了平台。

二、虚拟现实技术在传统设计领域中的应用

数字媒体时代计算机技术的发展促进了虚拟现实产品的使用，并渗透到整个设计领域。计算机操作产生的设计结果通过设备媒体展示给设计人员，允许设计人员进行修改，提高了前期设计的效率。数字模型建立在计算机的虚拟空间中，以模拟自然界的场景。虚拟现实技术展示三维虚拟建筑，用户在虚拟建筑中漫游时有身临其境的感觉，提高了设计后期的展示质量。这是虚拟现实技术在设计中的基本应用。

虚拟现实应用涵盖设计的所有领域，包括产品设计、视觉传达设计、环境空间设计。虚拟现实除了对设计领域的渗透外，其自身也正在形成以虚拟现实技术为主体的产品，以其技术为主导的设计包括产品可视化、产品展示、游戏开发、虚拟导游、建筑漫游、城市规划漫游、室内设计游览、广告设计、动态标志、虚拟展示等。这些领域中都开始使用VR技术来增强其表现功能和产品功能。

VR技术贯穿现代设计的全流程，在设计的初期主要表现在虚拟模型，后期则表现为效果图和虚拟动画方式，设计与表现不必再依赖庞大而昂贵的大型设备，只需在一般的计算机上就可以完成，设计师可以利用这种技术建立构想中的现实场景，也可以用它来分析和预测设计的实际成果。

以VR技术独立开发出的数字化产品正在兴起。这一类产品依赖数字媒体平台发布，人们可操控并与其交互。近年来数字移动终端几乎控制了人们的业余时间，它像一把双刃剑带来正、反两方面的效应。一方面通过一个移动终端，如手机或其他数字终端，可不受时间、地点限制，随时上网获取任何艺术及人性化的服务。另一方面沉迷于网游，忽视了人与人之间的面对面沟通，但这一潮流是不可逆转的发展方向，只能疏导，而不能强行堵塞。严肃游戏就是一个很好的例证。

三、产品设计与VR

产品设计是工业设计的重要内容之一，其由概念设计、产品开发设计、改良设计三个类型组成。一个产品往往最初只是一个想法，把一个想法从理论变成一个产品的过程就是概念设计；产品开发设计是把想法变成可生产的产品并推向市场变成一个商品的过程；改良设计是去发现

产品的问题和缺陷，通过改进、升级换代，在不断升级的过程中，或随着时间推移，技术发生革命性的改变，材料发生变化。这一切再一次激发出新的想法并形成新的概念，它们之间就像一个圈，周而复始推动社会生产力向前发展。

手绘草图后开始虚拟建模。三维虚拟空间中的模型可以反复修改以研究结构的合理性，其颜色可以在被赋予材质后进行分析和改变。用虚拟灯光模拟真实光影，通过渲染可以得到产品的机械图、三维效果图、爆炸图，用于评估和指导生产。三维模型可以直接 3D 打印，不需要花费大量的时间和精力在模型制作上，虚拟现实改变了产品设计的流程。在传统的设计流程中，设计从草图开始，依次是效果图、草模型、机械图、1 ∶ 1 模型。现在，我们可以遵循新的设计流程：用手写板进行电脑草图绘制，虚拟三维动画效果图和快速原型模型。不难看出，数字化已经主导了设计过程。

在现代产品设计过程中，基于虚拟现实技术的虚拟制造技术被广泛应用。将设计和制造过程集成在一个统一的模型下，该模型将与产品制造相关的各种工艺和技术集成在一个模拟真实过程的二维动态实体数字模型上。它可以加深人们对生产过程和制造系统的熟悉和理解，有助于理论上的升华，更好地指导实际生产，即优化生产过程和制造系统的整体配置，促进生产力的飞跃。

此外，二维虚拟产品可视化和产品展示作为一种新的展示方式正在悄然兴起，二维虚拟技术可以更全面、更形象地反映环境与产品、用户与产品之间的关系。同时，在产品的推广和宣传中，视觉冲击会强化产品的印象，对产品的推广起到重要的作用。

四、产品可视化与 VR

从产品设计表现的发展来看，可以分为手绘、电脑效果图、产品可视化三个时期。产品可视化源于计算机效果图，深化了效果图单一的表现功能，从而发展出集声音、图像、交互于一体的综合展示形式：以表现为目的，以技术为手段，以新媒体为平台，展示产品的形态、结构、功能和人机交互，同时结合环境和空间氛围，更真实地还原产品的色彩和材质，广泛应用于产品设计领域进行方案评估、设计分析、人机教学等。

产品可视化概念的形成是基于数字艺术和可视化技术的虚拟现实技术对产品设计表现的革命性变革。它是可视化技术在产品设计领域的应用。可视化利用计算机图形和图像处理技术，将数据转换成图形或图像，并显示在屏幕上进行交互处理。可视化技术就是用二维形状表达复杂信息，实现人与计算机的直接交流。可视化技术具有仿真、三维和实时交互的能力。从这个角度来说，电脑效果图就是可视化技术的应用成果。

从产品设计表现的发展过程来看，设计软件进入产品设计领域宣告了计算机效果图时代的开始，这是计算机可视化技术第一次在设计表现中渗透技术与艺术的联盟。结束了手绘加模型作为产品表现手段的时代，加快了产品开发的周期。在手绘和电脑效果图时期，表现基本停留在产品设计程序的需要，用来体现设计师的创作思路。随着三维软件版本的不断升级，计算机硬件内存不断扩大，保证了可视化文件的渲染和存储，图形表现转化为二维动画表现，从而产生了产品可视化的概念，产品表现进入了以动画表现和交互技术为代表的产品可视化第三期。这是计算机可视化技术在产品设计表现中的第二次渗透，其核心是视觉表现与交互技术的融合。产品设计表现有了更多的表现语言，同时也拓展了其他功能，如产品广告、产品多媒体展示、产品互动体验等。可以说，产品可视化重新诠释了产品表现的方法和手段。

（一）视觉表现和交互技术的交融

产品可视化分为两个主要方面：产品视觉表达和交互技术。这两个方面时而独立，时而交融，基本部分大致相同。它们都经历了建模、材质、灯光、动画、渲染的过程，但细节会根据需要有所不同，尤其是后期处理软件和回放模式。

视觉表达实际上是一系列视觉符号的传递，整合产品的造型、色彩、材质等视觉元素，传达产品的功能和结构特征。产品可视化的视觉表达更加完整，主要包括图像、声音、文字和产品本身。视觉表现融合了当下电影盛行的CG影视特效技术。在产品的形态、结构和功能上，结合环境和空间的氛围，将产品的色彩和质感表现得淋漓尽致。视觉表达很重要的一点就是镜头语言。由于目的不同，虚拟摄像机的推、拉、摇、移与电影的镜头表达有相同之处，也有不同之处。它强调的是叙事需求，这也决定了一个产品的视觉表达不是简单地追求没有内容的炫目、闪烁、华丽的场景，而是更注重逻辑、条理、清晰。在制作过程中，借鉴了动画设计的一些流程。前期有文字剧本和镜头设计方案，中期以动画制作为主，后期以特效和合成为主。产品视觉化的视觉表现是吸收各种艺术表现形式的综合。

从产品使用的角度来看，交互技术可以理解为用户、产品和环境之间进行交互和信息交换的过程。交互技术有着广泛的应用。就产品设计而言，它连接了人与产品之间的感知距离。目前有两种互动形式，一种是通过鼠标或手触摸屏幕，在计算机的虚拟空间中行走和观看，另一种是通过外部设备和器材来完成。数据手套技术是虚拟现实中主要的交互设备。它可以控制机械臂，对产品进行抓取、移动、操作和控制，对产品结构进行装配和拆卸。通过交互，我们可以在功能可视化、结构可视化、操作可视化和控制可视化方面与产品进行信息交换。

数字时代智能系统的重要特征之一是具有良好的交互性。对于旨在提高人类家庭生活质量的智能家居服务系统来说，良好的交互更为重要。开发基于虚拟人的智能家居人机交互系统是提高智能家居人机交互体验的有效途径之一。同时，基于头像的具有语音和视线交互功能的智能家居终端也是视觉表现艺术和交互技术的典型产物之一。在该项目中，提出并实现了语音和视觉的双通道交互，实现了无人工参与的交互方式。使用情绪量表简体中文版对系统进行测试，得到基于PAD情绪空间的情绪体验描述。实验结果表明，具有视觉和语音界面功能的Avatar智能家居服务系统能够增强用户在交互中的积极情绪，从而提升智能家居领域中以用户为中心的自然人机交互体验。系统的化身由五个模块实现：图像模块、眼球跟踪模块、套接字模块、语音识别与合成模块以及任务推理规则模块。其中视线跟踪模块提取用户眼睛视线区域；Socket模块用于头像图像模块和视线跟踪模块之间的相互通信；语音识别和合成模块完成语音交互。由于使用相互独立的多通道并不是真正意义上的多通道接口，不能有效地提高人机交互的效率，因此该项目使用任务推理规则模块来协调语音和视觉这两个并行、合作、互补的通道不准确输入所获得的任务信息。

人工心智模型驱动的人脸表情动画合成也是视觉表现与智能交互技术融合的典型研究成果之一。通过该项目的研究，提出了一种 HMM 情感模型驱动的人脸表情动画合成方法。该方法以人工心智模型的输出概率值作为权重向量，通过因子加权合成的方法控制人脸表情动画模型的参数。该方法使用的人脸表情动画算法具有工作量少、速度快、空间开销小、模拟效果真实自然等优点。特别是与人工心智模型相结合，不仅实现了对人类心理活动的计算机模拟，而且通过面部表情动画合成技术实现了心理状态对表情的实时驱动，合成的面部表情动画真实自然，进一步提高了人机交互的人性化程度。该项目的研发为虚拟生活应用、情感计算、情感机器人、友好人机界面等领域的人机交互提供了良好的基础平台。

（二）产品可视化辅助产品设计

辅助设计包括设计分析、方案评估和人机教学。产品设计有自己的规律程序，可以提高工作效率。产品可视化深入产品设计过程，甚至改变了传统的产品设计过程。可视化数字模型是从各个角度进行观察，贯穿产品设计的全过程，包括结构装配分析、色彩搭配分析和材质纹理分析。动画还可以生成产品装配过程、爆炸过程、运动过程的动画文件。

开发产品是一个循序渐进的过程。对于设计方案来说，每个阶段都是一个反复评估的过程，是手绘期的一项繁重工作。可视化技术可以大大减少基础工作量，修改工作只需要纠正有问题的地方，避免很多人为错误。

人机教学是产品视觉设计在教学中的应用成果。教师对整个文学教案或教学过程中静态图片的展示不满意，他们通过动画或交互将产品制作成多媒体课件。这种集图像、声音、虚拟漫游于一体的可视化展示，是一种系统记录、经验留存的形式，能够生动地呈现教师需要讲解的内容。它的应用也很广泛，不仅在学校教学中，在企业培训中也有应用。

（三）拓展产品市场展示功能

传统的产品展示多以实物产品为基础，现在除了实物产品展示之外，还增加了多媒体展示内容。以新媒体（传统媒体的数字化延伸、数字媒体制作过程和互动媒体）为传播载体，将产品信息以平面或二维形式传递给受众，具有覆盖面广、速度快、简单方便等特点。展览中的宣传片、产品介绍、太空漫游等数字媒体作品随处可见。正是由于市场的大量需求，产品可视化在市场推广领域得到了不断的拓展。

同时，产品体验也在网络中流行。它使用虚拟交互来解释产品。通过经验，设计师可以发现更多不合理和需要改进的地方，同时可以帮助消费者在使用前了解和掌握产品性能的方方面面。目前市场越来越重视客户体验，产品体验也逐渐作为一种产品推广形式出现。但从三维互动体验的形式来看，还有很大的发展空间。目前，客户习惯在购买产品之前搜索在线信息。这些信息大多是二维查看的形式，加深了客户对产品的整体印象，帮助用户做出购买决策。商家对此也很感兴趣，愿意投入其中。资金的注入，在促进线上商务发展的同时，也将间接推动二次元互动体验的发展。

（四）产品可视化是产品设计的主流发展趋势

产品可视化的出现打破了固有的产品设计程序，重新建立了比以前更简单、更实用、更易操作的设计程序。同时，产品视觉化脱离产品设计，以简单的视觉表达走向独立产业化和专业化。

随着可视化技术的成熟，越来越多的新技术融入产品表达方式中，如 VR 技术、AR 技术、增强现实和 CG 技术等。另一方面，产品的视觉观看方式是通过屏幕完成的，其存储方式是以数字文件的形式，使在交流平台上的交流更加方便快捷。目前，全球各大设计公司已经开始尝试通过网络平台将不同地区的设计师联系起来，利用视频共同开发产品。

一方面，产品可视化设计正朝着独立生产和专业化的方向发展。产品可视化在产品设计中起到简化产品设计表现的作用，设计师可以亲自完成。而在产品可视化拓展市场领域，产品可视化是以简单的产品展示形式出现的，其工作量会变得巨大。对流程和人员要求有时候不亚于拍一部动画电影，需要团队合作。另一方面，产品在市场上的推广需要可视化技术，各种展会、多媒体宣传、网上产品推广都需要大量的视觉产品，促进行业和产业链的形成，从而向专业化方向发展。

不难看出，产品可视化是以计算机技术为基础，以艺术创作为形式的计算机图形学，为产品设计表现提供了新的可能性和更广阔的创作空间。其艺术表现超越时空，是产品设计表现的革命性飞跃。它需要不断完善自己的内容，逐步形成一个完整的体系。但是，产品可视化并不是产品设计表现的终结者，而只是产品设计表现的一个时期。它必然会经历萌芽、成长、成熟、膨胀，然后逐渐被新的表达方式所取代，就像万物的发展规律一样。

五、虚拟交互与 VR

（一）环境空间与 VR

环境是人生产、生活、从事社会活动的地方，空间是一个容器。环境空间是一个大概念，它涵盖了城市规划、住宅小区、室内设计、商业广场、风景园林等。在环境空间设计中，手工设计几乎已经被电脑取代，虽然设计的前期草图还是以手绘图居多，但中、后期的处理基本都是用计算机软件来完成的，因此，环境空间从施工图到效果图都是在虚拟空间里完成的，而在设计的过程中通过网络连接，世界不同地方的设计师可以在同一个虚拟空间里共同完成设计。

BIM 通过数字技术在计算机中建立虚拟建筑信息模型，提供单一、完整、一致、逻辑的建筑信息数据库。建筑信息模型技术是三维数字化设计、施工、运营和维护的全生命周期解决方案，为设计师、建筑师、管道工程师、开发商和最终用户提供了一个模拟和分析协作平台。

信息模型是完全按照实际数据来建模的，这就保证了模型含有正确的信息，根据这些信息可以统计施工过程中所需的数据。把隐含的建筑信息（设计等方面）显性化，把以 2D 图纸为基础的设计成果交付手段转变为以 3D 模型为基础的设计成果交付手段。

BIM 不仅定义了纯数据的一些内容，还重新定义了建筑行业工作流程和协同工作的数据模型，定义了同一数据模型下建筑从业人员的协同工作规则。目前，一些大型建筑设计公司已经开始使用这种方法进行设计工作。

VR 技术使用最广泛的是虚拟城市，它能全面地了解城市地貌、市政设施、道路交通。建筑漫游最广泛地应用于房地产行业，并成为房地产开发商销售的一个重要手段，通过虚拟建筑漫游这一手段，购买者可身临其境地感受未来不远的时间里环境发生的变化，而虚拟现实里的环境很多时候是来源于生活但高于生活，容易激发人对未来信息的接收。室内漫游帮助买房者了解室内各个区域的结构和尺寸，帮助购买者去评估。建筑漫游可分成影片式、交互式两种，影片式漫游通过画面、解说、背景音乐沿着规定好的路线和情节进行展播；交互式漫游是观看者自定义行走路线去观看虚拟空间里的建筑。

随着高科技的发展，建筑表达不再局限于平面图纸和实体沙盘模型，而是开始在三维动画中寻求发展，并逐渐成为主流。建筑的虚拟展示通常使用计算机三维建模软件来表现设计者的意图，可以更好地表达建筑及其相关环境制作的动画电影，让观众体验建筑的空间感。

与传统的使用渲染和回放技术的动画展示相比，将虚拟展示技术融入建筑展示设计方案的优势非常明显。虚拟展览是严格按照电影制作流程完成的。几个视频片段（镜头）根据建立的摄像平台完成，通过剪辑组合成一部动画电影。观众可以从影片中获得建筑外观、建筑环境、产品设计等信息。近年来，计算机硬件的性能呈几何级数增长。虚拟现实的表现可以在通用计算机上完成，不需要依赖昂贵的大型设备。设计师可以利用这项技术在脑海中构建逼真的场景，也可以利用它来分析和预测环境规划设计的实际结果。未来将成为设计师设计把关、成果展示、方案评估的辅助应用系统。

（二）智能虚拟环境与 VR

智能虚拟环境作为未来的人机界面，可以广泛应用于教育培训、娱乐游戏、媒体信息等领域。其中涉及一些关键技术，如复杂场景的实时显示、虚拟人行为的动画制作等已经成熟，人们可以生活在虚拟现实技术创造的世界中。就现有的虚拟环境（VE）系统而言，大多采用静态的二维场景，场景中的物体是静态的、被动的、无生命的。然而在现实世界的场景中，许多物体是有生命的，它们是有智能和情感的。为了更真实地模仿现实世界，使参与的用户有身临其境的感觉，最终实现和谐的人机交互，可以根据需要在虚拟世界中添加一个或多个活体，形成智能虚拟环境（IVE）。在 IVE，生物和用户化身都是由智能代理实现的。在多用户分布式虚拟环境中，多个虚拟角色之间可以进行交互，虚拟角色也可以与其他对象和环境进行交互，从而实现逼真、自然、和谐的虚拟交互环境。

智能虚拟环境的主要研究内容包括智能代理技术、环境中化身和虚拟生物的建模方法、人体动画技术、智能生命的模拟、复杂动态场景的实时渲染技术、智能交互、知识表示和推理等。

然而，智能虚拟代理（IVA）的建设还有待完善。虽然基于虚拟现实艺术设计的一些学科已经能够拥有生动的造型，基于人工智能技术开发了一些思维和行为功能，但在拟人化和个性化交互方面还不完善。原因在于，情感对人的决策起着决定性的作用，是人性化人机交互的必备因素。因此，如何使智能虚拟主体具备情感交互能力（情感识别、理解和表达的能力），使其既有“脑”又有“心”，能够与用户自然和谐地交互，成为计算机工程和认知科学领域的研究热点。情感建模，即用一种数学模型来描述人类情感的产生和变化过程，是实现这一目标的关键。

第六章　虚拟现实技术在影视中的应用

第一节　虚拟现实影视的概念

虚拟现实影视（VR 影视）是在借助计算机系统、传感器技术和 360 度环绕声等技术的基础上将影视作品设计出可以如游戏体验一般的观影情境，VR 影视通过深度开发观众的视觉、听觉和触觉的感官功能，极大地以人机交互的方式，让观众可以“走进电影”，并如影视世界里的角色一样可以全景环顾四周。

目前，VR 技术在影视作品中的应用还处于起步阶段。已经出现的影视内容包括：VR 电影、VR 纪录片、VR 动画，以及一些实验性的 VR 短片，电视剧、综艺都没有涉及。这种新技术以一种全新的人机交互方式引领观众，模拟人的视觉、听觉、触觉等感官的功能，让体验者沉浸在虚拟的境界中，观众借助体感装置真正走进电影场景，并能 360 度观看周围环境。

因为 VR 电影对制片方和观众都需要很高的技术硬件和巨额资金，所以还在进一步发展。目前，我们可以观看以实验方式呈现的 VR 电影内容或 VR 短片和 VR 新闻，其中短片的类型包括短视频、纪录片和动画作品。

影视作品中 3D、IMAX 的沉浸式体验也可以实现，但 VR 电影会走得更远：一是全景立体成像、环绕声，从而彻底突破传统影院的维度，让观众在视觉和听觉上完全沉浸在电影内容中；第二，观众在电影中有更多的主动权，像游戏玩家一样选择自己的剧情和视角。比如通过捕捉观众头部、眼睛、手部等部位的动作（借助 VR 眼镜、手部传感器等），可以及时调整影像的呈现，进而形成人与场景的互动，让你拥有选择剧情的权利，尤其是“掌控”关键剧情和人物命运的权利。在影片的最后，基于每个选择的不同，每个观众都有自己的影片结局。引入影视领域的可玩性和代入感将成为这类技术的最大卖点。总而言之，即使 VR 技术仍在逐步被开发，但很明显这项技术已经被列入影视制作行业的重点发展目标。

在学术界，学者对 VR 影视的研究主要集中在电影美学和技术革新所带来的嬗变中。如，VR 电影对传统电影的视听挑战；新技术是否导致了电影原本的结构形态发生了本质的变化；结构主义符号学的学者们更是意识到 VR 技术所带来的影视形态可能彻底挑战了电影研究中的结构本质，符码系统是否有待于重新定义；VR 电影与 VR 游戏这些黑科技作品之间的界限是否模糊不清，还是有变得愈加泾渭分明的可能；VR 影视作品对传统影视审美原则所带来的变化，等等。

从 VR 影视内容主要涉及的类型来看，大体有四种类型：动画短片、实验短片、纪录片和真人叙事类。但无论何种内容，这些虚拟现实影视作品的时长非常短小，一是由于虚拟现实技术电影制作的成本非常高昂，一部十分钟的作品也需要耗费几十万资金，且观影票价是在百元起步，只有很少一部分观众可以通过自己购买的高额设备在家庭里完成观看；二是虚拟现实技术应用难度较大，很多小型影视公司无法有资源进行拍摄和制作。下面主要以市场已有的短片形式进行 VR 影视内容的简单梳理。

首先是以动画短片为代表的虚拟现实影视作品，利用计算机模拟创造三维空间的虚拟世界，为用户提供视觉、听觉、触觉等感官的模拟，使用户能够像亲身体验一样，及时、不受限制地观察三维空间中的事物。VR 动画在拍摄制作上相较于真人 VR 电影来说，免去了真人动作捕捉这一技术，所以在拍摄设备和创作手法上比较简易和灵活。该类作品主要通过一些相关的三维和 VR 设计的软件来完成制作。且由于摆脱了真人电影的拍摄设备，无需摄像机素材，所以在作品的内容上可修改整理的空间很大。

早期虚拟现实的影视作品便大部分以动画领域的探索为主。同时 VR 动画可以有效结合 VR 游戏的设计模式，在情境体验和互动上已经比较成熟。例如，国内平塔工作室创作的《拾梦老人》，在动画制作中使用传统的 CG 制作流程和游戏引擎来组装模型，使用材质和光照来生成可以实时渲染的 VR 和 CG 之间的交互作品。这部作品突破了国内的 VR 实时拍摄模式，需要 VR 眼镜来完成 360 度的视觉效果，场景中的所有物体都被细化，比如将一个盒子分成几十个部分进行精细打磨设计，并使用引擎着色器系统进行刷新，最终使整个盒子看起来更加逼真。

第二种类型是 VR 实验短片。实验短片的相似概念还有先锋短片、艺术短片，总体是指以观念设计为主，作品内容希望具备先锋派的意识形态，反对传统影片中完整的叙事结构和情节设置，并不以打动观众为首要目的，更多的是为了“做实验”，唤起艺术的新态势和对现实生活的反思。所以，这种类型的作品实验性非常强，与传统剧情类影片差距较大，对观众的审美也提出了过高的要求。奥斯卡获奖短片《Tango》便是一种典型的实验短片，该片全长八分钟，无明显剧情，更无人物对话，三十六个人物一直重复着动作。

在 VR 实验短片中，比如国产 VR 公司推出的《平行宇宙的镜像世界》，该片只有 1 分钟左右，无明显剧情，观众只需要手拿鼠标拖动至任意角落对“世界”进行 360 度的全方位观察。又如虚拟现实短片《Her》，全片时长 4 分钟，利用 360 度全景视频特有的沉浸式叙事方式，试图以一镜到底的拍摄手法展现现代都市女性独立、自信、自由的生活方式和态度。主旨是希望通过 VR 叙事的代入感为观影者带来更强的生理冲击，在给观众足够的感性体验之外，更多的是留给观众理性的思考空间，希望给受众（现代女性）传播励志的正能量。为了不打破影片的沉浸感，影片没有过多地使用生硬的硬切，而是尝试采用了不同的转场方式，例如：大范围延时、pov 镜头回转（模拟人转头的效果）、真实场景与 CG 场景的无缝衔接等。片中的纯 CG（天台）场景更是融合了未来科幻都市元素。

第三种类型是纪录片类。VR 纪录片目前主要内容以纪实为主，偏向于新闻文体，希望将观众带入全息新闻发生的现场，感同身受地了解新闻发生地和发生过程。VR 纪录片相对于实验短片中使用的 CG 技术来说，比较容易拍摄。但是逼真性也取决于作品拍摄时的机位和场景的选择，以及是否进行细节处的精细打磨。

例如 VR 纪录片《Nomads》，该片为一系列作品，共三集，属于十年磨一剑的精良制作，每集十二分钟左右。讲述的是游牧民族的人们马赛、海上吉卜赛人和蒙古牧民的生活场景。这个作品没有旁白，会有一个应用作为你的向导，但进入游牧民族的世界之后，就由你独自感受。该片的临场感极强，通过片中真人与观众的对视形成主动交流。

最后一种类型是真人拍摄的故事类影片。真人拍摄的故事类 VR 影片首先需要故事情节设置的吸引力，尤其是真人拍摄，更容易唤起观众的感同身受的亲临感。例如 Google Spotlight Stories 发布的第一部真人 360 度 VR 短片《Help》，影片全长不到五分钟，讲述的是在洛杉矶，一场流星雨带来的陨石将地面砸出了一个大坑，人们十分惊恐和慌乱，一种类似于哥斯拉的外星怪物现身城区，主人公为一名年轻女性，她想尽各种办法试图逃出这个不祥之地。

该影片为未来电影的拍摄和制作开辟了新的方向。在不久的将来，随着 VR 设备的普及和虚拟现实技术的提高，或许我们的观影方式也会有一个划时代的改变，一种沉浸式的观影方式将会普及。观众可以随意变换观影方式和角度，远比 3D 电影震撼，代入感和现场感极强。

虚拟现实影视作品中目前最大的问题是交互性，这和 VR 游戏不同，VR 电影在叙事上更为看重。所以，如何利用叙事进行交互是所有 VR 内容创造者一直关注和研究的首要问题。

在真人拍摄类 VR 电影中，最大的互动应该是故事中的所有角色与观影者之间的对话，以及围绕观影者本身所扮演角色的剧情。只有这样，观众才会产生内心深处的共鸣并被其感动，忘记自己，完全成为剧中的一个角色，才能实现 100% 的沉浸感。

第二节 虚拟现实影视的审美特性

虚拟现实影视作品利用虚拟现实技术创造出一种多维立体的人机交互环境，作品种类繁多，总体上借助计算机显示器和相关体感设备，以模拟仿真观众全息视觉、触觉和听觉等多功能感官，让观众可以获得亲临现场感，又可以通过鼠标进行360度的任意观察。无疑这种黑科技也带来了VR影视与传统影视作品在审美特性和审美价值上的不同。影像的画面构图、声音体验、镜头语言都发生了很大的变化，画面的边界消失了。百年来探索出来的镜头影像语言，应该在VR影像中重新发掘，推镜头、抖镜头、拉镜头等影视艺术的表现手法，在360度全景虚拟现实影像中消失了，对观众的审美体验产生了很大的影响。

一、VR影视的审美特性

VR影视作品极大限度地改变了观影者的审美感受，随着虚拟现实技术在影视行业应用愈加深广，丰富了影视作品中的种种奇观式体验，让观众可以所思即所见，切身体会影视世界里的超真实情境。

传统影视作品的审美特性通过影视作品的视听语言、声画关系和叙事建构进行感知，获得审美体验。但是VR技术的应用对影视作品从制作到审美都进行了颠覆性的冲击和影响。从观看方式来说，传统影视作品只需观者被动地坐在银幕前进行观看即可，而在虚拟现实影视作品中，需要观者进行互动性观看，从被动变为主动状态。从荧幕审视来看，传统影视作品的视线是水平面观察的，而虚拟现实影视作品是三维立体式的观赏。下面具体从VR影视作品的沉浸式体验、实时交互性和构想性三个方面进行论述。

（一）沉浸性

VR影视作品如虚拟现实技术的本质一样，首先带来的是审美特性里的沉浸性。自电影诞生以来，从黑白到彩色，从无声到有声，从二维到三维，每一次都是以技术的革新为质的飞跃。早期第一部电影《工厂大门》的初衷也只是纯动态影像的纪录，没有蒙太奇的思维，更没有天马行空的想象。如今虚拟现实技术带来了影视作品审美的沉浸性，让人沉浸在各种幻象之中，尤其是这种幻象是动态的、有行为的和有行动的沉浸感。影视作品中的沉浸性主要表现在三个方面：

第一，VR技术本身的应用引起的官感变化。VR图像通过使用计算机模拟的三维空间来创建虚拟世界。借助最新的传感器技术，如VR头盔、数据手套、数据外衣等，将抽象的数据信息转化为真实的体验，将一个“真实”的世界呈现在观者面前，全方位调动观者的感官，让观者完全沉浸其中。VR影像作品摆脱了传统电影中，观众必须依靠情感沉浸的共鸣才能实现情感、思维、视听触觉的器官沉浸。比如数据手套和手持传感器的使用，在影片的内容上，观众可以像穿着故事中人物的道具一样独立观看。此外，在VR影像中，传统影视屏幕的边界已经完全消失，悄然让观众对屏幕的无限接近不再感到遥远。头部追踪技术，随着头部的移动和旋转，可以实时感知VR视频内容，让观众完全进入一种360度似是而非的环境想象。所以沉浸感在VR电影中的体现首先是感官沉浸感。沉浸在一种幻觉和神话中的观众，以为那是真实的世界。这种完全沉浸的影像体验带给观众感官体验的巅峰，让他们感受到纯粹的感官享受。沉浸是人类审美理想的体现。虚拟现实沉浸从此走出了神秘抽象的审美体验的象牙塔，跨越了千百年来对审美沉浸的不懈追求。

第二，沉浸感表现在体验感上。观众可以完全沉浸在图像环绕的360度环境中，置身于一个无边界的“真实”世界，达到一种超现实的错觉。在VR纪录片《恩典之潮》中，观众戴上头盔和其他传感器，可以真实地感受到自己身处遭受埃博拉病毒侵袭的利比亚，可以深入感知这一地区的诊所、海滩、酒店和人们。一举一动都是无限放大的，细节非常清晰。比如你在一个坟墓旁边，你会害怕自己不小心掉进坟墓里。利比亚饱受疾病折磨的痛苦现实，给观众带来了比任何影视形式都更强烈的视觉冲击和情感冲击。

第三，这类作品还需要借助影视内容本身与技术的紧密结合来营造更加真实的环境。比如叙事设计，利用情境、角色、氛围、情节、节奏设计让观众融入故事本身。这也是非常基本的设计技巧之一。这种沉浸状态主要靠的是“情感投入”，即观众看到一个有趣的故事，被吸引，就忘记了真实的自己，取而代之的是故事中人物的视角。这和传统影视作品有相通之处。

（二）实时交互性

VR影视作品中的实时交互性与VR游戏的实时交互性稍有不同。VR游戏是实时交互性体现最明显的一类，表现在游戏玩家与玩家之间和人机交互中。如果单从VR影视作品层面来说，排除掉VR游戏与影视的交互式设计，那么，VR影视作品的实时交互性更多的表现在人机交互中。相对于传统影视作品的观赏形式是纯被动而言，VR影视观众可以与银幕里的世界进行交流和互动，这便是实时交互性最直白的解释。可以说，交互性是观者沉浸性的纽带，是人与虚拟影像进行交流的重要桥梁。互动的本质是参与，这种参与感是VR影像最鲜明的功能。通过与传统图像的实时互动，观众可以完成许多与现实生活不同的事情，就像4D电影院的互动效果一样，VR电影还可以依靠四维的周边设备，比如一个刮风下雨的真实场景。

简而言之，这些虚拟环境中的体验者并不是被动地感受，而是可以通过自己的动作改变感受的内容，控制虚拟环境中的物体。例如，观众可以通过自己的手和头等身体部位的运动，获得一种实时的反馈和互动。在这里，他们主要依靠特殊的交互设备，如数据手套陀螺仪、体感衣服、体感座椅等。这些设备使用户能够以最自然的方式发送信息并获得反馈。由于采用了实时渲染技术，交互具有实时性的特点。比如头部的旋转会产生图像场景的相应变化，而随着双手的移动，戴上数据手套或者手持数据手柄。比如VR电影《怪兽狂怒》，在这部灾难片里，导演在拍摄时不断变换拍摄角度，观众可以近距离观看怪物打斗，也可以变换视角在混乱的情况下清晰地看到人的反应，仿佛置身于一个被怪物入侵的城市。

（三）构想性

虚拟现实影视作品的第三个审美特征是立意，强调虚拟现实技术要有广阔的可想象空间，拓宽人类的认知范围，不仅要再现现实环境，而且要随意构思客观不存在甚至不可能的环境。观众可以根据自己在 VR 图像中获得的信息，用自己的理解能力与虚拟图像进行交流，并可以通过幻想实现下一个想法。如果说沉浸感是核心，交互性是要求，那么构思就是终极目标。VR 短片《像鸟一样飞翔》，将观影者固定在鸟形体验者身上，配一个风扇，就能体验飞越旧金山的感觉。当然，虚拟现实技术是无所不能的，它可以建造任何我们想去的地方、我们想看到的世界，充分发挥我们的个体欲望。总之，想象是艺术审美体验中最显著的现象，审美体验的获得离不开想象。

二、VR 影视的审美价值

（一）观众与创作者的叙事视角

VR 影视作品中的叙事视角在观众与创作者之间的地位是辩证性的。显然，VR 影视作品中观众获得了自我叙事的主动性视角，随着观众自我自愿进行场景角度和视线的选择，不再是被动观看的地位，这里无需多做解释。由于观众可以自主从各种角度进行观看，所以，传统电影中的线性叙事逻辑和编辑制作流程全然不复存在。但是，也正是由于如此，VR 影视制作中的创作者才更需要承担起引导观众视线的任务。也就是说，观众与创作者是一种互相主动、引导的状态，没有绝对的一方处于被动形式。在 VR 影视制作上，创作者需要非常精细地去考虑观众的思维，更重要的是思考观众：他们可能会看见什么，会往哪里看。如果完全放弃了叙事视角和视线的引导，很容易让观众观看的东西非常混乱，导致用户失去了体验的兴趣。所以，虚拟现实影视作品在叙事内容上，以观众视角为考虑的同时需要导演们先设计好一个故事情节(内容)，获取用户的目光，引导用户除了视听体验外，不要错失了故事内容而陷入迷失中。

（二）VR 影视的视觉审美价值

传统影像作品的视觉审美主要有两种，一是基于视听语言技术的视觉审美体验，从黑白到彩色，并利用蒙太奇剪辑让视觉产生梦境般的剧情效果；另一个是传统影像作品中，作者与荧幕之间的距离远近所造成的审美心理体验度的不同。例如，坐在电影院前排的观众被认为是由于离银幕过近而容易陷入导演制造的电影梦境中，产生入戏感。而坐在电影院最后一排的观众则由于距离过远而产生离间的效果，容易对影片内容进行客观性的批判。

而虚拟现实影像作品的视觉审美与传统影视视觉审美的出发点和归宿点均不同。一方面，基于虚拟现实技术所营造的视觉效果是多维立体的全景观视觉体验，这是一种不受限于蒙太奇剪辑手法所制造的幻觉效果，是直接通过仿真立体空间进行观众自我视觉点主动性的探索。所以，视觉主动性是 VR 视觉审美上最根本的审美价值。观众的眼球获得了更加自我的权利。传统影像作品的观众视觉点总是被导演“牵着鼻子走”地引导受众观影的重心，除了蒙太奇制造梦境外，还会利用镜头的虚焦与聚焦来指示观众该朝哪个方向看。VR影像则不同，它的视觉焦点是依赖头显设备上的眼球追踪器和手动设备（如鼠标），视觉点会精准地随着观众的眼球而产生画面的一致性，观众完全是自己想看哪个方位就看哪个方位的多元立体化视觉体验。从这一点来说，不受制于创作者的视觉主动性完全重新建构了受众自我欣赏艺术品的主动权。

另一方面，借助虚拟现实头戴设备，观众与屏幕融为一体，视觉点与屏幕的距离不再遥远。此时的屏幕可以不受限制地满足观众自身的窥视欲，视觉审美从传统影像的第三人称窥视变成了第一人称动作。在虚拟现实影像中，画面与观众的界限消失，传统窥视美学原则下的观影体验不复存在。为了获得更高的逼真度，虚拟形象也会以第一人称叙事角度拍摄。观众远离导演的控制欲，直接面对影像空间内部，成为画面的一部分。在这种情况下，传统情境中的窥视欲机制消失，观众以虚拟形象的第一人称进入影视。在传统影视中，观众窥视审美体验的机制是屏幕，更准确地说是影视的框架和镜子。在这种情况下，观众依靠自己的想象与形象发生关系，通过虚构的概念构建缺席或在场的关系，从而产生审美快感。

除此之外，虚拟现实技术除了使观众获得了真正的第一人称审视权外，还能从本质上实现以往影像作品无法实现的一些画面情境。例如若要实现以主观视角去体验一只鸟遨游于高空的视觉效果，传统影像只能借助摇晃镜头的主观视角去模拟鸟眼的动态影像，但是要“高空”这样的场景体验，难道要花费大量资料把摄影机送到高空中去实现吗？但是虚拟现实影像可利用CG技术模拟出各类恢弘叙事的大场景，任由想象力的发挥去往平时观众无法进入的世界。所以，虚拟影像中，视觉效果更为逼真，这种逼真感不是简单的物质世界的还原，更多的是带观众走向了更远的世界中，真实体验其发生的变化，并于边界消失中，形成了自我视觉审美的全新体验。

（三）VR影视艺术的审美方式

虚拟现实影视艺术的变革为影像提供了全新的审美方式。在虚拟现实影像艺术中，影像的内容及叙事结构也丰富了传统影视作品的内容，呈现方式和手段也均不相同。在内容上，我们看到的是千变万化的虚拟空间，有动态的也有静态的，有实物设计的也有纯虚拟设置的，有实验短片性质的也有纪录片形式的，这都给受众带来了更多的内容承载方式。在叙事结构上，有非线性叙事的游戏本体互动性，也有以主线剧情为吸引力的创作，它可以让电影变得像游戏，也可以让电影更真实深入地讲述一个完整的故事。

以上这些丰富的表现形式和内容使虚拟现实影视艺术朝着更不可能的可能去发展。随着数字技术的迅猛变革，技术正不可抗拒地改变着人们的感知模式和感知比率。传统影视作品让观众的审美方式更多地倾向于脑部的感觉器官，而虚拟现实技术让观众实现了头脑、眼睛、肢体和耳朵等多重器官的人体延伸。这种多种感官的全部调动，毋庸置疑地会挑战观影者的思维模式，肢体也将变得如大脑一样有了更多的思考能力和创造力。随之而来的是，人的生活方式、工作方式也将发生天翻地覆的改变。

虚拟现实影像对审美方式的革新也使审美价值观进行了一致性的转变。这种审美价值观是指在对影像的认知到审视中，不再依赖传统影像的平面视觉和叙事伦理，更关注的是多元立体的虚拟影像能否带来更身临其境的体会，以及这种体会是否促进了观影美感，这种沉浸感是否带来了对艺术的重新思考。例如，传统纪录片中尽可能最大限度还原真实的理念，在虚拟现实影视作品里，纪录片的本质是否发生了变化？纪录片能否使用虚拟技术进行创造？当然，我们看到的是一种二元悖论：一方面，虚拟现实技术营造了一个虚拟空间，似乎内容本身就是假的；另一方面，这种无限大的真实感和受众的主动性，却真真切切地逼近了影视内容的逼真性，让纪录片中的现实被最大限度地进行还原。换句话说，这种审美价值观的嬗变，似乎核心不再是技术所带来的形式上的转变，而是人们是否理解和接受：因虚拟现实技术所带来的一个既虚幻又真实的奇观图景里的辩证关系。在虚拟现实的影像中，鲍德里亚所论著的那个比现实还现实的拟态环境的边界愈加模糊，在媒介内爆之前，便已经消融了界限，因为，真实早已跨越了客观世界，变得缥缈无形。

（四）VR 影视艺术的审美缺陷

显然，科学技术带来的社会影响从来都不是只有正面效果的，马克思也曾坦言科技的异化现象对人类社会所造成的负面影响，人变得以经济利益为重，而忽视了生活本真，忽略了真善美的普世价值观。如以互联网技术为支撑的新媒体时代，人们一方面享受着生活的便捷和生产力水平的大幅度提升，城镇建设走向了更前沿的国际化水平，另一方面却滋生了网络成瘾、媒介依存症和人际关系淡漠的负面现象。同样，虚拟现实技术也存在着一定的异化。例如在虚拟现实影视艺术中，表现出了一定的审美缺陷。

虚拟现实影像作品首先在技术应用发展上还不够成熟，甚至出现了很多伪虚拟现实作品，这使在审美上导致观众分不清该技术的核心特征。一些动画虚拟现实作品打着 VR 技术的幌子招摇过市，其内核却只是一个 4D 短视频而已。

紧接着是虚拟现实影视作品在故事叙事上挑战了传统影视作品的叙事结构和叙事策略，甚至重新建构了一种新的审美方式和思维逻辑，这种反传统思维逻辑的 VR 影视作品对很多观众的理解力和接受能力带来了众多的挑战。有些观众反映，他们分不清所观看的 VR 电影的主次关系，不知道应该“往哪里看”。主动操作性过多，使影视作品更像是玩 VR 游戏，却又不如 VR 游戏的交互性强，场景设置过于简单。如果观看的是 VR 电影，由于可观察视角过于庞杂，不知道影片的重心，往往观影结束后也不知道影片的主题思想是什么。目前，如何制定以观众为主的叙事视角是 VR 电影制作者的核心所在（有时并不是技术上的限制），创作者们更关注的是如何在全景观的视野中，引导观众一步一步地走向中心画面，明白影片的叙事重心和故事内核。

再有就是基于此类黑科技的成本过高，观赏一部 VR 电影，目前几乎都是几分钟到十几分钟的短片，需要投资者耗费近百万元的成本，甚至一部短片需要观众出资百元才能进行观看，且不说这是生产者提供观影设备的情况下。如果要让 VR 观影走进寻常百姓家中，更需要购买头显设备、眼镜、手持体感器等等，对于目前的市场现状几乎难以实现大众审美。

虚拟现实影像作品由于加强了受众的主动参与性，却也为受众带来更多的审美压力，他们需要调动更多脑力和视听器官进行感知，不免对作品的愉悦和消遣程度带来一定的偏差。对于传统电影和电视节目来说，其审美的优越性相较于书本而言是将抽象符号简化为更直观的形象符号，让观众更容易理解，所以才被称为大众媒介。而虚拟现实作品如果本末倒置地将直观的形象符号转变为需要带动更多理解力去进行体验的艺术作品时，不免对受众素质提出了更高的要求。

虚拟现实技术带来了强烈的感官体验和视觉冲击，影视艺术的审美意义被数字技术的过度包装所掩盖，同样不利于长远发展。此外，数字虚拟图像使观众更加注重感性层面上的娱乐和视觉消费。观众越来越依赖虚拟现实世界带来的视听享受和沉浸感。在 VR 影视创作的前期，为了抓住观众的视线和胃口，影视创作的题材会更加注重视觉刺激和感官享受，忽略了对影视艺术内容的追求，或者拍摄具有一定观众市场的 IP 影视题材。单纯迎合观众口味，必然会在一定程度上改变图像的审美价值。

总之，虚拟现实技术给传统影像的视觉审美经验和审美价值观造就非同凡响的全新体验，但也不可避免地带来了异化现象，观众无法回避这些。希望人们在体会黑科技所带来的惊心动魄的情感体验的同时，也能直视其产生的负面现象。当然，技术本身没有优劣之分，取决于人们如何去使用它、完善它。

第三节 虚拟现实在影视中的实现途径

虚拟现实技术在影视作品中早期使用计算机 CG 技术进行虚拟仿真的场景设计和人物角色设计，当互联网信息技术普及后，CG 技术已成为文化产业尤其是影视行业的重要支撑，从 CG 技术之下发展出了计算机图形设计的三维动画设计，其中，影视特效是电影虚拟场景展现的常见手段。紧接着，在三维特效技术的驱动下，逐渐发展为“实景拍摄 +CG 特效”为支撑的虚拟现实作品，当 VR 技术愈加成熟后，艺术家们又开始尝试“VR 技术 +CG 技术”合拍影片的创作手法，最后又出现了全 CG 真人电影技术到全 VR 电影设计。例如，PIXAR 公司出品的《玩具总动员》，是影视史上第一部动画长片。影视中栩栩如生的玩具形象和栩栩如生的行为环境，充分展示了虚拟影像技术的强大魅力。

虚拟现实在影视中的应用体现在以虚拟人物和场景逐一构建为基础，人物和场景全方位结合的 VR 电影作品中，伴随着 VR 技术对影视作品整体氛围的传递。数字虚拟成像技术的虚构性和逼真性创造了不断提升的视觉效果，使在影视屏幕上创造几乎任何想要的奇迹成为可能。

一、构建虚拟人物

随着互联网信息技术的发展和普及，自 20 世纪 80 年代以来，计算机图形学技术即计算机 CG 技术被广泛应用于人类实际生活的各个领域，如医疗、教学、军事、旅游、电视直播等。影视艺术作为一个重要的现代工业体系，在其生产过程中不可避免地要用到数字虚拟技术。为了推动影视艺术不断完善并与其他行业和艺术形式竞争，影视艺术创作者将最先进、最前沿的虚拟现实技术引入影视创作过程，推动影视艺术在未来的娱乐产业发展中取得更大成就。于是，计算机虚拟立体的三维动画技术被应用到影视创作中，这完全是由于数字虚拟技术本身的魔力——它可以逼真地模拟和再现现实生活中的环境、场景、事物和人，甚至人的细微表情和行为也可以被生动地表现出来，使艺术形象在艺术效果和视觉呈现上同时与真实相混淆。第一部真正意义上的、完全用数字化的虚拟技术制作出来的“虚拟现实影视”是由皮克萨公司出品的动画电影《玩具总动员》，影片中的人物角色及全部影像几乎都是通过数字化的虚拟技术和数字化的符码操作，并借由计算机界面操作技术处理而生成的。

具有逼真性的数字化人物角色设计的出现给予了虚拟人物形象在影视发展中的坚实基础，标志着虚拟人物的数字化影像技术取得了重要进展。随着计算机技术运用手法的愈加娴熟与丰富，影视技术及动画专业技术人才纷纷开始致力于打造最逼真的数字化真人形象，例如卡梅隆导演的《阿凡达》，其 CG 技术的使用已经不再是一种影视场景的补充手法，而是取代实拍的主要手段之一了。而更早前的美国影片《最终幻想：灵魂深处》也较为出色，该片中所有的人物角色均来自数字虚拟技术，影片的环境、背景场景也均为数字虚拟技术进行设计。这部电影在人物的现实主义上下了很大功夫。人物接近写实照片，动作像真人一样自然，实现了动作捕捉的全过程，甚至实现了多人同时动作捕捉，成为动作捕捉史上的经典之作。尤其是在人物的制作上，追求形象生动、贴近现实，甚至会让观众误以为其虚拟形象的角色就是真人的表现。此后该系列得以延续，但其价值在于CG技术的不断突破。在剧情和情感上从未给观众留下太多印象，却受到了一批稳定的“最终幻想情结”观众的持续追捧。值得一提的是，动作电影《速度与激情7》中，也运用了虚拟现实技术完成了因故突然离世的演员保罗·沃克的虚拟影像的合成技术，使影迷在影片结尾中还能再次看到该演员的形象，缅怀他对该系列电影的贡献。

此外，作为一种特殊的信息载体和媒介，虚拟人物角色所构建的虚拟奇幻梦境在某种程度上超越了影视故事本身的现实意义和文化价值。虚拟人物或角色不仅仅是一个纯粹的视觉符号，从某种意义上说，一个成功塑造的虚拟人物在叙事过程中会融入一定的社会文化和时代背景，并在现实社会中做出符合社会集体无意识的对时代文化和精神的合理解读，进而成为一个民族文化的代表。例如《极地特快》是美国式的童话，《最终幻想》创造的是超自然的文化，《指环王》表现的是魔幻文化，《木乃伊归来》传达的是神秘文化象征，《侏罗纪公园》暗示了生态文化，《终结者》呈现的是人类的悲剧文化。总之，无论是东方文化还是西方文化，由数字化的虚拟影像技术虚拟创造出来的、广义上的虚拟人物，它们的语言和行为动作所渗透出来的人文内涵和民族精神，以及对观众意识形态和生活价值观念的影响是显而易见的。

二、创建现实中的非人类形象

虚拟现实技术以仿真、模拟为主要特征，在电影中主要表现为除人类角色外，还可以大大丰富对非人类形象的设计与创造上，主要使用的技术还是CG制作。值得说明的是，CG技术本身就是虚拟现实影像表现的主要手段之一。这种虚拟影像的电脑绘图技术也更多地用于创作一些非人类属性的角色形象设计上，极大地丰富了动画电影的优势，即随心所欲地畅想于荧幕上。

例如HBO出品的精品电视剧《权利的游戏》中的动物冰原狼便是使用了全CG技术进行虚拟形象的设计。该电视剧中的冰原狼形象在第一季时本是由真实动物因纽特犬扮演，但是该犬体型与原著中的冰原狼相较还是小了太多，所以最后敲定更改为由电脑图像进行制作，其效果也是更为逼真。再如李安导演的《少年派的奇幻漂流》中主角之一“老虎”，因为片中的“老虎”与男一号有近距离接触，真老虎无法满足拍摄需要，因而片中出现的老虎均由CG制作。再有，电影《驯龙高手》里的“无牙仔”、电影《指环王》中的“咕噜”、《复仇者联盟》中的绿巨人和《变形金刚》中逼真的汽车机器人等都来自计算机绘图的魅力。利用数字虚拟影像技术在影视视觉效果传达系统中制作非人类化的虚拟角色方面等艺术效果上达到了生动灵活、丰富细腻的全新高度。这些虚拟现实技术带来的福利让艺术创作者可以对作品内容无限度地畅想与丰富，突破了真实场景对真人电影的限制，更是完成了“电影是造梦的工具”一说。对于观众，CG技术下的虚拟角色可以充分刺激他们的想象力和强烈的好奇心，如梦似幻地带来了更完美的艺术审视与幻象。虚拟形象独特的审美体验，使影视观众在审美体验和感知上对物理世界中的形象产生一种孤立感和疏离感，使他们仿佛置身于一个神秘的环境中。在这样的虚拟环境中，观众用自己的心感受不一样的精彩生活，没有任何焦虑。

三、VR 电影技术

以上两种应用方式都是只利用 CG 技术进行的“合成型影像”的制作理念。目前，全球影视作品中有关“虚拟现实”制作理念应用最广泛的类型也就是上述这种“合成型影像”作品，此类作品的成本较全 VR 电影来说相对低了很多，且对观众的观影要求比较低，是喜闻乐见的虚拟影像作品类型。而真正意义上的从理念到技术应用通通采取 VR 技术的电影作品还是较少，主要原因就是制作成本的问题，所以目前还是以短片为主。

VR 电影要求在技术上全部结合虚拟现实的概念，如在前期拍摄上，至少保证六个正面体机位的拍摄，以保证全方位无死角的沉浸感；在后期加工中，在编辑素材之前，将每台机器拍摄的画面导入编辑软件中，进行画面缝合，这是后期制作中最基础也是最关键的一步。最后在观看时，必然要求观众持 VR 头戴显实器进行观看，并时刻拖动鼠标进行操作。

四、VR 技术在影视作品中应用的价值

虚拟现实技术在影视作品中的应用呈现出很多“反传统”影视技术的创作价值。

第一，在虚拟现实影视作品里，传统的影视视听语言的建构、长镜头、蒙太奇语言都将被瓦解。在传统影视作品中，蒙太奇作为影片镜头的组接手段可以更好阐释出创作者的艺术表现意图，造成了镜头组接语序的秘境。然而，在虚拟现实影视中，由于均是 360 度的全景视频，当用户戴上 VR 头盔显实器后就彷如置身全景的空间中，传统电影的银幕边界消失，使银幕画框所承载的传统视听语言失去了价值。例如传统镜头的景别分为远景、中景和大特写等，而在 VR 影视作品中这些景别的观感是随着观影者的鼠标进行选择的，甚至消解了传统导演所量身定制的艺术性话语景别。

再比如，传统电影中的长镜头拍摄手法，一面镜子到底的美感，在 VR 影视内容中也得到了爆发，虚拟现实电影中的“长镜头”概念不再重要，因为不再涉及导演对场景调度的掌控能力。无框架的虚拟现实影视更像是一部舞台剧，观众的兴趣点不再像传统电影那样由创作者主导，而是分散的，所以虚拟现实影视作品需要用灯光、声音或画面对比来引导兴趣点。虚拟现实技术进入电影领域，导演的职能也发生了变化。一部 360° 全动作视频，在剧本创作、分镜头原稿、场景选择等方面都要有多重考量。360° 全方位空间展示需要注意场景调度；多注意前期拍摄一气呵成，不能过分依赖后期剪辑。很多传统电影中需要后期完成的效果，在 VR 电影中需要前期拍摄完成，模糊了前期和后期的界限。

在 VR 电影中，特效和技术的重要性被提升到一个新的高度。无论是前期制作还是后期效果合成，都要有明确的标准和严格的质量标准。传统电影特效介入后期制作是不合适的。导演和摄影师在现场拍摄中很难控制技术和效果，尤其是 VR 电影，更是依靠技术来表现自己的特点。一点点技术上的失误都有可能让影片质量大打折扣，所以需要有专业的技术导演为影片质量保驾护航，分工也会更加细化。

第二，VR 影视作品为观众带来的是针对传统电影来说，更为自主的观影体验。在传统影

视作品中，导演的把控度非常高，他对电影的内容需要完备的剧本，并强调情节设定的逻辑性与完整性。而虚拟现实影视作品更强调观影者本人的审视意图，对情节的理解交由观看者自己去完成。紧接着，观众的自主体验也佐证了代入感，因为这种参与式的观影效果，在方向感受器及运动传感器等技术的支持下，为观众提供了身临其境的感受，也进一步拉近了电影内容与观众之间的距离。伴随着人机交互的观影模式，用户对剧情的自主选择权非常大，对关键人物的命运和情节可调度性极高，瓦解了传统电影中“作者电影”的概念。

第三，虚拟现实影视作品关注的不再是“演员作品”。传统电影行业而言，尤其是好莱坞电影和“粉丝电影”的制作模式中，所倡导的“演员中心制”在VR技术的电影中也被迫出局。显然，VR影视作品被受众喜爱的魔力在于技术上的沉浸感和参与性，而传统商业大片中的明星效应在VR影视中并不被重视。在虚拟现实作品中，真正的“明星”在于受众自身和作品里栩栩如生的场景、角色。一个只能靠外表进行表演的演员显然并不是此类作品所需要的。在艺术表现形式的创新方面，演员在影视画面中作为关注焦点的比例逐渐降低，而匪夷所思、真假难辨的三维虚拟形象的关注比例却在增加。

第四，VR影视作品的应用价值除了技术价值外，还表现在“重视故事”再次回归至电影创作的理念中。正是因为虚拟现实作品的多种离散性，如何讲好一个吸引人的故事，使观众更有逻辑感，便成为影视创作者的另一个急需重视和探索的问题。例如，虚拟现实技术可以恰如其分地打造出电影中的危机元素，替代传统电影对危机靠叙事语言完成的手法，利用三维建模完成恢弘的动态虚拟场景，用虚拟影像渲染出危机情绪，吸引观众。例如，电影《2012》在表达“灾难”这一危机元素时，传统电影通过人物对话去建构如此末日灾难的危机感不免显得过于单薄不堪。该片便采用了数字虚拟影像技术虚幻地展现了人们在面对世界末日的时候，面对大自然的灾害所表现出来的渺小感和虚无感，但同时也展现了人们为了生存而勇敢地战胜自然灾害所表现出来的强大信念感。所以，给观众印象最深的是海啸和山体滑坡的恐怖画面，而不是某个明星艺人的表演。再比如，在悬念的制造上，虚拟现实作品更多的悬念在于一种“未知状态”，当用户的鼠标和眼睛不知道看向哪里时会出现什么样的情况才是最大的悬念。

第四节 虚拟现实影视的应用前景

在中国，VR影视的应用前景随着国家政策支持与企业技术研究的进步也取得了突飞猛进的进展。随着我国数字技术的普及和发展，VR电影已经初步完成了基础技术的供应。这里包括互联网的高速发展，网民对VR设备的平民化需求及VR技术的不断优化，用户还是很容易观看到VR视频的。不过，现在市场上的多数虚拟现实影视作品都属于360度的全景视频观影格局，真正意义上的VR影视还在不断地探索中。

对于国内企业来说，做VR影视的科技公司已经遍布北上广深等大城市，正在向内陆城市的市场进军。这些科技公司致力于探索影视行业的哪些细分领域更适合通过VR技术进行表演，同时也在不断地与国外学习和交流如何使用更好的设备、更好的镜头语言和全新的导演技术来制作更好的VR影视作品。要体现VR本身的魅力，就要努力提高VR影视作品的观感、沉浸感和代入感，这就是VR影视内容的吸引力。要反映现实，除了拍摄技巧和清晰度，还要有一定的景深，呈现给客户的世界是3D的。当然，如何普及虚拟现实影视市场也是任重道远。

一、虚拟现实技术在影视领域带来的新变化

因为虚拟现实技术可以产生身临其境的感觉，在观看影视内容时使用虚拟技术可以放大体验者的景观体验。从新体验来看，可以分为以下几个变化。

（一）视听语言的变化

虚拟现实技术是一种全景环绕的沉浸式体验技术，带来360°的视听空间，而传统的影视作品蒙太奇剪辑方式已经不适合，需要一种新的组合方式。以前的影视作品都是剪辑人员按照时间轴进行蒙太奇拼接组装而成的平面作品，现在的VR现实技术直接将用户带到现场，无论观众走到哪里，故事都在进行，这就要求影视作品的制作是全方位的。

在新的影视结合模式下，作为剪辑线索的是用户注意力的转移，因为观众的注意力是不同电影场景和思维变化的主要原因。在过去，纯第一人称的电影很少，如果内容只是平面屏幕上的第一人称，观众会感到厌烦。“上帝视角”是推动故事和情节发展的必要手段。所以使用VR技术的影视作品也要有这种意识，如何以第一人称视角制造各种视觉冲突和奇观，让人们从多个视角参与到事件中来，需要提高使用VR影视作品的视听语言。

（二）观众新的虚拟身份的构建

虚拟现实技术能够把完全虚拟的场景植入观看和体验者的大脑中，创造出一种临场感，这种临场感能够给一个人创造出新的身份，就像在网络上建立一个新的账号一样，只要不是实名制，人就可以有多重身份，虚拟现实技术就是这样一种平台。在这个平台中，我们真实和虚假

的感觉是不明显的，所以沉浸式的虚拟现实技术能够为人们提供一条转换身份、脱离现实世界的压抑环境的通道。人们在观看影视作品时能够完全用新的身份去看，甚至直接成为影视作品中的角色。现在，互动类的视频也有很高的热度，在未来，通过虚拟现实技术融入影视作品中的人可能会左右作品中的环境和事件的发展。

（三）梦境感体验下的奇观效应

就像电影《盗梦空间》中所描述的那样，人在梦里可以对现实做一些改变，这是人在虚拟现实世界中冲击身心自由解放的一种方式。它让我们掌控自己的梦想，让我们从外界的被动走向内心的自由。这不仅是虚拟现实技术的意义，也是我们内心的意义。以梦为解放之地，既能体现人的内心欲望，又能带来愉悦和安慰。未来虚拟现实技术可能会创造出一个独立于现实世界的地方，不仅在影视作品中，在日常生活中也会出现，让人们在思想上有一个独立的空间。

（四）技术化身和交互式体验

交互式体验是指当一个人处于虚拟场景中时，他不仅是上帝视角的看客，更多的时候，他参与到剧情中，能够决定作品的最终走向。比如在一个游戏中，玩家可以捡起地上的道具，消灭自己面对的敌人，甚至可以遇到帮助他们的人，和他们成为朋友，这在影视作品中也很常见，但无论玩家如何改变剧情，最终结局往往是一个或多个，这是影视作品的另一个制作重点。虽然过程不受蒙太奇剪辑的控制，但作品的精神内涵还是应该由制作方来把握，尽量向玩家和观众传递积极的想法，否则，在虚拟现实这个不存在的空间里，玩家很可能会比在现实世界中获得更多的负面情绪。

二、新的剧作模式和拍摄模式

VR 系统视角的影视作品，更应该注重连贯性。因为观众是亲身参与的，只要有一个细节，一个物体，一段对话，甚至远处的天空和地面的界限没有做好，都可能让观众觉得像是在演戏，影响剧情的发展。所以 VR 视角的影视作品是不能照常剪辑的，需要保证连贯性。

（一）剧作模式：多重视角和新的叙事方式

虚拟现实技术最终影响的是人脑，让人从精神层面感受其他场景，所以虚拟现实主要是让人们用多种感官重塑意识。因为不是所有的 VR 用户都喜欢第一人称，在未来，VR 必然会创造出很多新的视角，无论是第一人称还是从高处看的神的视角，甚至有些作品可以让观众成为作品中的一个角色，亲身体验剧情的流程。这些视角的变化需要影视作品的制作人从每个角色去思考，这就大大增加了影视作品的制作难度，因为从制作之初，这个作品就已经是立体的了。其次，如何让观众的视角更加身临其境，跟随剧情发展，但减少观众观看时的限制也很重要。

在 VR 时代，影视作品的制作需要用到全屋的四面墙，从以前的一面墙的绿屏变成了四面墙的环绕绿屏，这是一个必要的场景塑造。

目前 VR 必须基于一定的内容进行制作才能使用，所以对于内容制作非常重要。使用新技术拍摄 VR 作品，对过去的团队提出了更高的要求，比如要求演员尽量对着镜子，保证一致性。

目前国内很多 VR 内容制作方选择使用话剧演员，因为话剧演员更适合最后的拍摄，所以未来的制作和演绎会更贴近事件的流畅性和剧情本身。

三、VR 技术应用于影视作品的未来发展前景

（一）虚拟现实影片和现有电影业的关系

大部分 VR 用户都非常欢迎各类电影，所以很多电影行业的大 IP 都想联手虚拟现实技术。现在很多电影都是用 3D 制作的，4D 甚至 5D 都很常见。但对于虚拟现实技术的下一步应用，如何提高观众的互动性，减少限制，将观看内容从简单的剪辑变成生动的再现场景，还需要进一步的努力。

（二）未来的发展趋势

未来，VR 必然会给观众带来新的体验。除了影视领域，VR 还将应用到生活的方方面面，为各个领域带来新的发展和突破。然而，除了优势之外，虚拟现实技术也面临着巨大的挑战。从影视领域可以看出，由于各种技术的限制，人们还不能完全体验到虚拟现实的好处，VR 设备还没有完全普及。目前来看，优化虚拟现实技术仍然是接下来要做的事情。我相信，在未来，人类一定能够超越现实世界，建立起更加丰富高效的精神世界，并使之成为人类文明中闪光的一部分。

在未来，虚拟现实技术可能成为下一个娱乐媒介，可以自由地进入和参与各种影视作品，去各种地方，可以取代现有的媒体表现形式，而不需要任何其他复杂的技术。因此，要加强对虚拟现实技术与影视作品融合的管控，注重正面体验，避免给观众和玩家带来消极、负面、悲观、厌世的情绪。未来如何发展无法预料，但目前虚拟现实技术已经成为我们现实中看得见、摸得着、用得着的东西。就像现在各大平台打造虚拟偶像一样，虚拟现实的输入输出关系到未来人类思维的发展路线。或许在未来，Ready Player One 描述的场景会成为现实。

第七章　虚拟现实技术在动漫游戏中的应用

第一节　动漫游戏与虚拟现实的融合

一、动漫游戏与虚拟现实融合的重要性

随着虚拟现实技术的开启，动漫产业无论是从布景、内容、元素上，还是沉浸感、逼真感上，都将为观众带来全新的体验。作为虚拟现实的起点——动漫产业，也将在动漫游戏与虚拟现实的融合与创新中发生翻天覆地的变化。

随着社会的不断发展和计算机技术的不断拓宽，虚拟现实技术的应用范围也越来越多，从而让人们的生活更加有趣。就当前的年轻人来说，对动漫的热爱愈加强烈，所以我们针对虚拟现实技术在艺术方面或者技术方面中的应用来分析问题，很容易发现它是一个很好的发展前景。随着虚拟现实技术的不断发展，动漫产业也越来越受到虚拟现实技术的影响。这时候人们就想，如果能把动漫产业和虚拟现实技术完美地结合在一块，既能够为喜欢动漫的人们带来不同的视觉效果，也同样可以推动动漫产业不断发展。

在我国科技的不断进步和社会的不断发展下，国内的动漫产业领域也不断扩大，并且取得了很好的成绩。但是，根据现实情况的发展来看，动漫产业的规模发展还不够完美，还是缺少一些优秀的动漫人才，品牌的效应还不够明显，这些问题在这个领域依然存在。所以，我们要针对动漫产业出现的这些问题，想出解决的办法。为了动漫产业能够更好地发展和壮大，我们要对它的动业体系进行优化和调整，也要做好完美的转型和升级工作，这时候动漫产业的突破口出现了，就是虚拟现实技术的出现同时为动漫产业的发展找到了好的突破口，我们可以用这个技术，为动漫产业创造一种良好的模拟条件，进而可以创造出一个集交互式和多元信息于一体的三维动态视觉效果。这样不仅可以让观看者享受丰富多彩的画面，而且可以让他们很好地沉浸在美好的视觉里面。针对现在虚拟现实技术的发展状况来看，其涉及的领域有很多，比如医疗、军事、建筑、娱乐等，这些领域的涉及更加突出了这一技术的积极影响。

虚拟现实技术是一种可以创建和体验虚拟世界的计算机模拟系统，是一种让体验者沉浸在环境中的系统。这种由计算机生成的模拟环境，是一种结合多种信息的交互式三维动态视觉场景。仿真技术的一个重要方向是虚拟现实技术，它是仿真技术和计算机图形人机界面技术的集合，是一个非常具有挑战性的跨技术研究领域。虚拟现实技术有很多方面，比如感知、模拟环境、自然技能、传感设备等等。模拟环境是由计算机生成的三维图像。感知是指理想的虚拟现

实技术拥有所有人都拥有的感知。除了计算机图形技术产生的视觉感知，还包括听觉、力、触觉、运动的感知，一些多感官，比如嗅觉、味觉。自然技能指的是头部转动或者一些人类的行为。这些参与者的动作需要经过计算机的处理，然后计算出相应的数据，再对用户的输入做出反应，然后反馈给参与者的五官。感测设备是指三维交互设备。

虚拟现实技术有很多显著的特征，比如多感知性、存在感、交互性、自主性等。虚拟现实技术也是众多技术的结合，主要包括实时三维计算机的图形技术、立体声、网络传输、广角等。由于虚拟现实技术的不断发展壮大及涉及领域比较多，为很多行业创造了契机，明显突出的是如今比较发达的领域 —— 动漫产业。

那么，针对动漫产业来说，虚拟现实技术意味着什么呢？就像前面说的，动漫产业和虚拟现实技术的完美融合已成为一种趋势，在这个问题的影响下，它所创造出来的庞大反应已经成为全球很多精英产业人士看重的焦点。针对动漫产业来讲，虚拟现实技术给它带来的巨大变化就是作品的体验方式。动漫产业可以利用虚拟现实技术，使创作者能够很好地呈现一个比较真实的动漫世界，从而让观众可以很真实地沉浸在动漫的世界里，体味动漫给他们带来的感觉，可以更加充分体验多角度和多层次的动画场景。比如有的观众比较关注动漫人物的细微表情，有的观众比较侧重欣赏动漫角色周围的环境，观众不同的关注点将会产生很多复杂的信息。这些复杂的信息，使虚拟现实技术在传统动画中视听语言不再产生效果。如果动漫电影产业能和虚拟现实技术结合在一起，观众就可以全方位地观看动漫，还可以沉浸在动漫的故事情节中，体验到动漫的真实感，这毫无疑问是一个很酷的体验。当然，随着科技的不断进步，未来的虚拟现实动漫发展成什么样子，很多业内人士都不敢断言，但毫无疑问的是虚拟现实技术绝对不是虚无缥缈的一时出现，它必将会引领动漫产业不断发展壮大。当然，虚拟现实技术还有很多需要改进的地方，也许观众还会想出更多新奇的体验条件。对动漫产业来说，这些都是全新的话题，相信随着虚拟现实技术的不断普及，动漫产业和虚拟现实技术的完美结合会成为一种趋势。

虚拟现实技术和动漫游戏的相互融合主要体现在三个方面：

第一，虚拟现实技术模拟真实环境。一个完整的游戏场景是不可或缺的，场景的模型是一个游戏中非常重要的元素。在游戏场景中，你可以模拟每个模型的形状，以体验更逼真的效果。

第二，虚拟现实技术与互动娱乐的结合。交互性是指在游戏的剧情或人物中做出选择或动作，产生特定的反应。

第三，虚拟现实技术在游戏中更感性的表现。即利用计算机生成的三维视觉、听觉和嗅觉构建的感官世界。它从人自身的角度出发，利用相应的自然技能浏览虚拟世界，然后进行交互，产生多感官的体验。

虚拟现实动画还可以模拟在工业中的应用，随着科技的不断进步，很多行业不断变化，以往的传统技术已经满足不了工业的成长速度。先进的科学技能显示了巨大的能量，再加上虚拟现实技术的引入，更加符合发展的需求，也正说明了这种技术是历史发展的必然趋势。虚拟现实技术甚至可以在军事模拟动画中得到应用。

总之，如果我们在动漫产业的发展过程中，能够很好地运用虚拟现实技术，不但可以为动漫产业创造良好的发展机会，还可以有效地推动动漫产业的进步和发展。这一技术的实施也是国家发展先进技术改变产业格局的必由之路。所以说，在提高动漫产业发展的同时，有效地融合虚拟现实技术更能促进我国动漫产业的升级和巩固，更能提高动漫产业的质量，进而提高我国动漫产业的国际竞争力。

二、动漫与虚拟现实的结合已成为一种趋势

虚拟现实科技应用越来越广泛，其范围已经涉及游戏行业、医疗行业、教育行业、娱乐行业等方面，其火爆程度不言而喻。那么，对动漫领域来说，虚拟现实科技具有什么含义呢？它有什么意义呢？据相关的行业人士论述，动漫与虚拟现实科技产业的合二为一已成为一种常态，换言之，动漫与虚拟现实的结合是大势所趋、人心所向。在这个虚拟现实科技横行的时代，动漫与虚拟现实的结合所产生的巨大化学效应与优越性，正以蓬勃的速度受到全球各界产业人士的关注，虚拟现实科技作为焦点，其发展必然会迎来前所未有的成功，因为这是一种趋势、一条必由之路。

对动漫业领域的发展来说，虚拟现实科技带来的转折点似的变化最先体现在作品的体验方式上。利用虚拟现实科技，创作者可以对一个动漫世界进行全方位的补充和还原，而观众接触到的不再是作者利用笔触描写后自行想象的世界，而是能够直接利用眼睛看到的“真实”世界，这个“真实的世界”，带来的不仅仅是视觉上的感受，更是观众全身心的感受与精神的体验，这样能够极大地提高观看效果。从不同的角度、方位、层次观看影片、欣赏动画，这是一件多么动人心魄的观看体验啊。例如，不同的观众在观看动画的过程中其侧重点是不同的，比如说部分观众对于动画角色的细微表情会投入比较多的关注力，有的观众则对角色周围的环境更加感兴趣，而有的观众则会更加注意动漫人物动作的衔接是否顺畅，有的观众则是着重在动画的剧情与节奏。这些不同的关注点将形成更为复杂的信息流，这些侧重点将会影响作者的创作方向和重点，这就直接凸显出信息流的重要性。不得不否认的是，因为信息在获取规程中的复杂性与不唯一性，导致虚拟现实科技会使传统的动画视听语言不再发挥原本巨大的作用，因为虚拟现实科技动画制作会把你带到一个前所未有的世界，在这个世界里，你能够看到你之前智能想象的东西，虚拟现实科技参与到动画制作的过程后还能够让你感受到这个世界是如此的真实。总之，现阶段动漫设计与VR虚拟现实技术的结合已成为一种趋势，是我们不得不思考的进步趋势。

当今世界正以惊人的速度发展，事物自出现到不断发展的速度让人瞠目结舌，作为游戏业内专业的人士，要想在这个行业里屹立不倒且始终拔得头筹，就应该时刻保持清醒，严阵以待。

作为文化支柱产业，动漫与游戏的地位十分重要。作为动漫行业的外行人，你看到的也许只是有很多人在看动漫游戏视频或是打游戏，抑或是有很多人使用动漫的衍生产品，但是其火爆程度并不局限于你所看到的。越来越多的游戏公司开始引进虚拟现实技术，将其与游戏相结合，进而创造出了更新潮的产品与游戏，受到越来越多人的追捧。而此时动漫产业与游戏产业

一样，引进了超前的虚拟现实技术，从而获得了巨大的成功，从近两年来看，动漫游戏产业获得了巨大的产值，在巨大利润的基础上，其发展的速度也是前所未有的。

不可否认的是，无论从产值看还是从速度看，虽然基于虚拟现实技术，游戏产业、动漫产业都取得了巨大的发展，但作为新兴产业，动漫游戏产业都是需要呵护又呵护、发展又发展的重点。所以，目前无论是企业还是政府都应多关注动漫游戏如何保持高速发展，如何保证这种动漫与虚拟现实的结合趋势持续上升。

在未来10年或20年，在虚拟现实技术的带动下，我国的动漫电影行业的发展绝对不是能够用只言片语来形容的，因为目前人们对虚拟现实技术的理解尚处于初步认识的阶段，用一个比喻来说现阶段的虚拟现实技术就是考古学对早期人类历史分期的第一个时代，即从出现人类到铜器的出现、大约始于距今二三百万年至距今4000～6000年前的“石器时代”一样，属于初级阶段就是才刚刚起步，虽然取得了巨大的成就，但是我们对这门技术仍知之甚少。但是值得肯定的是，在未来阶段，动漫产品与观众之间的关系将彻底改变，在相对关系上来说，虚拟现实技术创造的产品与观众之间的信息传递将不再是单纯的“发送—接收”，而是双向的、可循环的信息传递。

值得肯定的是，社会的发展是不会止步的，科技的进步也是日新月异、不断进行的，谁都无法对未来将会发生什么下定论、作保证，同样的，针对虚拟现实技术在未来对动漫产业会产生什么样的影响，谁都不敢轻易断言，但是无论是业内人士还是一些外行人都会同意一个观点，那就是虚拟现实技术一定不会成为明日黄花或是无疾而终，它必将引领动漫业未来的发展。作为一种时代的趋势，虚拟现实与动漫游戏的结合，不仅拥有巨大的生命力，还能够在此基础上迸发新的能量。

三、虚拟现实技术带来的作品体验方式

动漫艺术将我们带入了一个奇妙的梦幻世界，我们坐在圆形的宇宙飞船上到太空漫游，像美人鱼一样探秘美丽的海底世界，像小鸟一样自由飞翔在蓝天白云间，我们可以像宇航员那样在月球上体会失重的感觉，体验在太空中行走，享受和海底中的鱼儿亲密接触的乐趣……虽然这听起来很不可思议，但在虚拟现实技术的帮助下，我们有了这样的切身感受，甚至，我们可以走进动漫的世界，和里面的主人公互动，进行角色扮演，切切实实地体验一下当主角的感受。

20世纪末虚拟现实技术得到了发展，这是一种相对来说比较新颖的技术。它刚开始发展于计算机技术，后来慢慢地向其他方面涉猎，其中就包括动漫领域。这个技术可以通过虚拟环境带给人一种身临其境的感觉，可以让人的视觉、听觉、触觉得到一种全新的体验方式。虚拟现实技术在动漫领域的运用，使我们的生活更加丰富多彩。

21世纪有很多重大发现，其中虚拟现实技术被运用于动漫领域就是一种，它借助动漫作品给人们的生活增添了风采。不仅如此，虚拟现实技术带来的动漫领域的作品体验方式还逐步产生了许多新型技术。

随着技术的逐步成熟，虚拟现实技术的发展前景越来越好。现如今动漫越来越受到人们的

喜爱，那么虚拟现实技术应用于动漫行业带来了哪些不一样的体验呢？在当前的社会发展中，动漫在人们的生活中所占的比例越来越大，但是动漫游戏作品中的虚拟现实技术，还需要进行革新，尤其在虚拟现实技术的艺术表现形式上。动漫与虚拟现实技术的结合，会提升人们在动漫游戏中的感受力，这对虚拟现实技术更好地服务人们有着重大的意义。

虚拟现实技术最大的特点就是带给人身临其境的感觉。在虚拟现实技术与动漫游戏结合的场景中，人们可以通过动画角色，尽情地在动漫世界里遨游，还可以通过观察观看者的感觉，满足观看者想象，满足观众与动漫互动的要求。观察者在虚拟世界里能够尽情地体验动漫游戏的美好。虚拟现实技术的运用，还可以让动漫游戏的作品创作不受限制，使创作者可以根据自身的经验与学识创造更好的作品。这对满足体验者的视觉盛宴的需要，起到了极大的促进作用。

如今，越来越多的人热衷于通过虚拟现实技术来观看动漫作品，从中体验到更加真实的场景。虚拟现实技术正一步步地向人们的生活逼近，这一点可从动漫游戏作品中得到充分感受，众多的动漫游戏把虚拟现实技术的美妙感觉表达得淋漓尽致。

具体来说，虚拟现实技术应用于动漫游戏作品会带来怎样的体验呢？当你戴上虚拟现实头显观看动漫游戏时，你会与游戏中的人物零距离接触，当动漫人物出现在你眼前时，可与他互动、谈话等，这些都是你通过虚拟现实技术在动漫游戏中获得的体验。

虚拟现实技术被运用于动漫作品中，极大地改变了动漫作品的体验方式。它能带给人一种全新的视觉、听觉、触觉体验，可以让观察者身临其境，如同真实地在动漫作品中一般。当体验者凭借虚拟现实技术“进入”动漫场景中，能够更好地理解动漫作品，更能提升体验者的主观感受。

虚拟现实技术被运用于动漫作品中，主要体现在缩短了人与动漫作品的距离，能够增强人自身心灵的感知力。随着虚拟现实技术的发展，将促进动漫游戏产业产生优质的体验效果，而这也是虚拟现实技术不断升级、不断发展的努力目标。

四、动漫游戏要以虚拟现实技术为导向

动漫产业分为广义和狭义两种，狭义的动漫产业是动漫作品的设计、制作、发行以及销售方面，构成产业主体的是动画产品、漫画产品等，是由动漫创意直接衍生出来的产品，也叫作动漫产业的内容模块。广义的动漫产业在内容模块上还包括动漫版权的二次利用形成的衍生品，其中有服装、玩具等产品都不是直接由动漫创意衍生的产品，成为间接动漫产品。

我们今天要说的是我国的动漫游戏产业。近几年动漫游戏产业发展十分迅速，各种网络游戏及动漫游戏大量涌现，国内的游戏产业发展势头还是很好的。游戏动漫产业是依托一些虚拟现实技术来对媒体的形式、内容等方面进行改进和创新的一个产业，如数字化技术、网络化技术和信息化技术等，它涵盖了许多技术及学科，如动画技术、艺术设计学科等，它是技术与艺术的升华和融合。随着网络技术在近几年的快速发展，网络游戏动漫市场也得到了迅速发展，出现了“游戏主播”这一职业。在虚拟空间中，游戏主播能够让玩家进入一个与真实世界相类似的虚拟现实世界，会让他们在虚拟世界中找到属于自己的乐趣。起初这个 CG 动画行业在我

国的发展十分迅速，在许多的广告或者动画电视节目中也能看到一些运用三维动画设计的元素，三维动画技术方面的人才也一度炙手可热。而最新出来的一种技术能够使动漫游戏更上一层楼。

虚拟现实技术又称为灵境技术，虚拟现实技术的特征为创造出计算机高级人机界面。虚拟现实技术的沉浸性、交互性和想象性特征会将人们带入虚拟世界，会产生在现实世界中相似的体验，并且能够在一些特定的情境下突破局限，使用户体验到与现实中别无二致的感觉。虚拟现实技术包括计算机图像显示技术、计算机仿真技术等在内的计算机应用上的技术，游戏中能让使用者感受到嗅觉、听觉、视觉等效果就是通过这些技术实现的。这样可以让使用者既能够得到在真实世界中的体验，又能够避免受到伤害，并且能够让使用者置身在虚拟的世界中自由地与虚拟世界中的环境进行互动，从而达到游戏的效果。总之，虚拟现实技术能够让使用者感知到听觉、触觉、视觉等，虚拟的人物形象也很逼真，会有头部的转动及眼睛、手势等人体动作，能够根据用户的输入及时地作出反应并且清楚地反馈到用户的五官，周围的环境也是通过计算机控制程序生成的，能够产生三维立体的具有实时互动功能的效果，让使用者有一种真实的感觉。

而三维动画技术就是通过计算机让设计师在虚拟现实世界中按照尺寸建立出模型及场景，再根据用户的需求设定出模型的特定轨道，最后把材质设定到模型上并赋予灯光的点缀，完成后计算机会自动生成画面。简单说就是依靠计算机事先设计好的路径上能看到的静止的照片连续播放形成的画面，没有什么交互性，也不能随着用户的心情想看什么地方就可以看什么地方，只能按照计算机设定好的路线去看，所以它能提供的信息不一定是用户需要的，用户只能被动地接受，而不是主动地设置。这一点虚拟现实技术就做得比较好，它能够根据用户自己的需要为用户提供整个游戏空间的信息，用户可以依照自己的路线行走，能够想到哪里就到哪里。因此，虚拟现实技术比三维动画技术更加适合运用到动漫游戏中，动漫游戏以虚拟现实技术为导向才能更好地发展，更好地被大众所喜爱。

虚拟现实技术在 3D 游戏上的应用就是一种接近虚拟现实的体验，要把玩家的感官体验作为第一位考虑的因素，这样才能获得更多的用户。游戏从最开始的简单的单机游戏，到后来一步一步发展成为大型的网络动漫游戏，追求的就是能给用户带来更真实的感觉，让用户在游戏中有更好的交互性，能够让游戏中的虚拟世界更加贴合客观世界，让游戏体验更加有真实感。现在的动漫 3D 游戏是通过三维空间的原理，将现实中的世界根据长、宽、高的比例还原，就构成了现在游戏中的虚拟世界。场景是游戏的基础，一切的游戏活动都是在游戏的场景中发生的，所以场景在游戏中起着至关重要的作用。而场景的真实性、立体性是十分重要的，场景的真实性呈现就主要依靠虚拟现实技术，目前的虚拟现实技术在游戏上的应用主要体现在冒险类、动作类、赛车类和扮演类等动漫游戏。

相比传统游戏中只为满足用户精神上的要求，虚拟现实技术会将重心放在游戏世界本身的设定，反而会忽略玩家本身的游戏体验，将玩家和显示器分隔开来，玩家只是能够自由地设定自己想要的角色并进行体验，把游戏只停留在键盘和鼠标的操作上，并不能真正达到具有真实感的游戏体验。随着网络技术的发展，网络游戏也发展迅猛，人们发现了具有实际体验的虚拟现实的动漫游戏，从此虚拟现实类的游戏就占据了较多的市场，这种游戏具有更高的游戏体验，给用户更多感官上的真实性的体验。动漫游戏以虚拟现实技术为导向才能达到这些效果，因为虚拟现实技术在动漫游戏中的应用可以让虚拟现实技术的三个基本特性表现到极致，能够给用户带来具有真实感的游戏体验，用户在这个虚拟空间是完全不受限制的，可以自由地进出游戏空间，这也是传统游戏达不到的一点，是虚拟现实技术给游戏带来的独特的游戏体验。

虚拟现实技术具有很大的发展前景，虽然现在虚拟现实技术能够完全操作一些简单的3D游戏，但是在大型的游戏中还是不能让玩家获得足够好的游戏体验，还有很大的发展空间。虚拟现实技术是一个最近发展起来的一门比较新颖的技术并受到广泛关注，据统计仅仅在2015年就有200多家风投公司将资金投入到虚拟现实行业中。而游戏行业最近几年也是发展得如火如荼，所以游戏中将虚拟现实技术作为导向是非常明智的选择，在之后的发展中，虚拟现实技术将产生巨大的商业价值。尽管虚拟现实技术看上去是很炙手可热的，但由于动漫游戏行业在国内发展的时间不是很长，并且国内的虚拟现实技术水平与国际技术水平仍然具有一定的差距，所以虚拟现实技术在游戏中的应用还需要进一步提高。

由于在动漫产业之前，我国的很多企业在一个发展阶段内都采用将产业链的所有程序都自己来做的理念，也是自己负责自己的生产营销模式，就导致跟不上现在的动漫产业的发展。现如今的动漫产业经过不断适应市场的喜好，慢慢由之前的把量的多少作为取胜的关键变成了对质量的不断追求，而且在发展的进程中逐渐探索出了合适的生产进度及生产规模，找到了动漫产业最能打开市场的发展方式。

动漫产业以虚拟现实技术为导向，在动漫游戏的实际发展进程中具有较大的意义，这样的发展方式能够更快地打开市场，更好地完成企业的转型，变成专业度更强、能够全面发展的科技型动漫企业，也更加顺应社会的发展趋势。这也是企业转型与升级的最佳方式，只有通过这种方式，动漫企业才能将之前的发展方式转变成更加适合现在社会对动漫产业要求的模式，从而带动整个动漫产业找到最佳的增值方式，这是动漫产业实现转型升级的关键性一步。

总而言之，虚拟现实技术在动漫游戏乃至整个动漫产业中都发挥着至关重要的作用，能够大大提高动漫产业的转型速度，让动漫产业以最快的速度适应社会的要求。在动漫游戏和其他动漫作品中融入虚拟现实技术能够制作出更高质量的作品，从而推动动漫产业发展得更加科学和专业。

五、虚拟动画环境更能促进动画内容的表演

通过运用虚拟现实技术，以动画的形式表达出来的称为虚拟现实动画。利用电脑模拟出来一个三维空间的虚拟世界，提供人类关于视、听、触觉等感官的过程称为虚拟现实。使人类感觉身临其境一般，可以没有限制地随时观察三维空间内的事物。

在一些情况下，对于动漫内容，我们没有办法用实物来向大家展示，而传统的模型又没有办法达到真实的效果，但我们可以用虚拟的立体形象将动画的内容多角度、全方位地展示给观众，给观众带来不一样的视觉冲击效果。动画的内容以立体的动物、植物、人物等展示出来，

让这些内容伴随着适当的动作变化，通过解说或其他方式完美展示出来。虚拟动画环境能更好地表现出动画内容，使其更加真实，让人们更喜欢、更容易接受。将动漫电影和虚拟现实技术结合起来，观众则可以参与故事情节，还可以身处动漫中，使观众感到更加的真实。这与我们坐在电影院看动漫影片的感受会完全不同，丰富真实的感觉与3D的显示环境会使观众有身临其境的感觉。虚拟现实这项技术将成为一种理想的工具。我们会将单面的物体或单独的物品以立体的形式表现出来，如照片，既是平面的，又是单面的物品，我们可以将照片中的风景或者人物做成立体的表现出来；世界地图也是平面的，我们可以直接以地球仪的形式来展示。我们可以走入这个虚拟动画环境，感受这个环境，体验这个虚拟环境带给我们不一样的感觉。

对动漫业而言，虚拟现实技术给我们带来的变化不仅是使动画的内容更加真实，而且使动漫中的人物性格特征更加充实饱满。我们可以利用虚拟现实技术创作出一个全方位、全角度的动漫世界，而人类则可以真实地走进这个多角度、全方位的虚拟世界。在虚拟环境中，观众对动画角色的细微表情和动作或者对角色周围都可能感兴趣，这些不同的兴趣点和关注点将形成复杂的信息流。利用这些复杂的信息流，用动画制作的方式把你带到一个不同的世界，让你感受到这个虚拟世界是如此真实。虚拟动画的环境使动画内容更加真实，无论是从触觉还是视觉都感觉是一种冲击，而且使动漫中的故事情节更加具有戏剧性，让人感受其中。动漫的虚拟动画环境会使动漫的发展更加丰富多彩。

虚拟人动画会使动漫能够逼真地模拟真实人体的动作，实用性强。在未来，动漫产品与观众将不再是简单的“发送—接收”式的传统关系，观众会参与虚拟现实动画的表演，并沉浸其中，通过互动的方式，形成一个虚拟现实与真实世界相结合的体验内容。而动画促进了动漫内容的发展，让观众融入动画内容，更加具有真实性。当人们用虚拟现实眼镜看动漫时，就会感到进入了一个虚拟的世界，你会与虚拟世界的人物进行互动、对话。利用虚拟现实眼镜看动漫中的画面会使你置身其中，让你更加真实地体验到虚拟世界的动画内容，感受虚拟环境带给你身体上、心理上的感受。让你感觉画面的内容就在你的眼前，感觉它就发生在你的身边、你的眼前，或许你也会变成其中的一员，在这个虚拟的环境中产生情感，产生变化。

用计算机生成真实感较强的三维视觉、听觉、嗅觉等感官的虚拟环境，将人类变成了虚拟环境的参与者，更自然地体验虚拟环境，有利于使虚拟世界的动画内容更加具有真实性。动画虚拟环境除了设计角色造型之外，还要根据时间和环境的改变来变换造型，这展现出虚拟环境的艺术水准，展现出虚拟环境的美术风格。动画环境作为虚拟现实创意的重要载体，决定了叙事风格、造型风格、空间的表达和意见等，环境中的内容都充满了整个镜头画面，镜头画面中可以没有角色，虽然角色是影片的主体，但是环境的存在远远大于角色，那是由于角色是变幻无穷的，角色的线条是需要高度概括的，而环境则可以无限的细腻具体。我们可以从几个重要方面展示出时空关系，例如物质、时间、社会、环境空间等，以此塑造空间关系。物质空间可以满足人类的需求，它可以以动画片的剧情内容为依据，将剧情发生的特性、原因等体现；社会空间可以通过环境、道具、服饰等表现虚拟的环境。环境空间是由自然环境、人造环境组成生存空间和环境画面，充分体现故事发生的原因、时间、地点、人物关系等特征。虚拟动画还可以运用比拟、象征的手法深化主题的内在含义。虚拟现实的动画能反映出虚拟现实中人的性格爱好、生活方式、个人习惯、职业特征等，使角色更有可信度，使虚拟现实更具有真实性。虚拟环境使我们用平视的角度、不变的视距，就可以体验到全方位的内容，充分展现出强烈的艺术感染力，虚拟现实环境使虚拟世界的内容更加贴切，使内容的表演更流畅、更自然。

优秀的场景设计更能表现出虚拟人物的心理状态和内心世界。可以通过色彩、光影、距离及镜头角度等将人物的内心想法和情感以虚实结合的方式更加真实地表示出来，让我们能够感同身受虚拟世界中人物复杂的心理状况。我们在看动漫时可能会有这样一个体会，大多是按照故事情节的开端、发展、高潮、结局的顺序从头到尾依次道来，似乎这样很容易被观众接受。而有一些会用倒叙、插叙的方式来进一步增加视觉的效果。还有一些会运用其他方式，比如用一句话或一个简单的动作去表现一件事的结尾，在视觉和听觉上释放了我们的情绪。在虚拟的空间中划出范围，建立一个可利用的空间，为塑造角色和剧情的发展提供舞台，使动漫更具特色，形成内容与形式、题材与风格的完美统一。虚拟现实环境使动漫中的人物更加形象具体，可以让人类感受到它们的存在，感受到它们的情感，更加真实地看到它们的动作、相貌等。虚拟现实环境使动漫中的内容表演更加贴近真实，使内容的表达更加清晰。优秀的虚拟环境使动画内容更具有真实性，让人类融入其中，成为内容中的一部分。动漫中动画内容随着虚拟环境的变化而改变，人物特征、剧情发展等都可以随着环境而变化，例如在沙漠的虚拟环境中，动画内容可以转换为虚拟人物寻找绿洲，寻找希望，又或者在海洋世界的虚拟环境中，动画内容转换为各种海底生物，虚拟人物探寻海底奥秘，寻求自然的规律等，再比如在广袤的大草原的虚拟环境中，虚拟人物可以自由奔跑，感受自然的辽阔与天地一线的美景。这种种的体验在一步一步地促进动画内容的表演，使表演更完美、更鲜活，更打动人，而这些都可以真实地体现出动画内容。

随着虚拟现实环境的发展，可以在动漫业上体现出更多的虚拟场景，从而表现出各种各样的动漫内容，将虚拟现实技术与动漫相融合将成为未来的发展趋势，可以让人类更加真实地接触到动漫。

第二节 依托虚拟现实开发动漫产品

一、虚拟现实技术与动漫产品开发

虚拟现实技术是一种综合的技术，联系到计算机的各个领域，其用计算机生成人的感觉，我们可以成为用户来了解并体验这个虚拟的世界。虚拟现实中，看到的场景和人物设定全部是不真实的，是把人的意识拉入一个模拟的世界。用户改变位置时，电脑可以马上进行复杂的计算，将准确的3D影像传回再产生真实感。虚拟现实技术包括了计算机的几何技术、传感技术、仿真技术、显示技术等最新研究成果，可以让人身临其境，感受真实性的模拟系统。总体来说，虚拟现实技术是我们利用计算机对数据进行透明性的操作的一种崭新形式，与以前的人和机器界面和窗口操作比较，虚拟现实技术有了很大的提高。

虚拟现实技术是一种很多事物相融合的动态和行为的系统效仿。“虚拟现实技术”被提出来，目的是创造一种新的系统，使用户可以置身三维空间体系，然后通过看、摸、听，从而产生身临其境的感觉。

虚拟现实是一项刚刚兴起的技术，集中表现了如今的科学技术，还能与其他学科高效融合。虚拟现实技术与动漫技术的融合，产生了一类崭新的艺术语言方式，这种科学工具与艺术思维紧密结合形成了一种仿真系统，极大地增强了动漫制作的水平。动漫特效凭借独特的表现增强了虚拟现实的真实性和完善性，造就了全新的审美感觉，促进了动漫产业的协调与发展。

虚拟现实中的“现实”两字意为在世界上真实存在的东西或事物，也可能是在现实生活中无法实现的。“虚拟”二字意为电脑合成。所以，“虚拟现实”意为电脑合成的一种特别的体系，人可以用很多特定的配置将自己“投影”到这个环境中，为实现自己的目标，可以改变其环境。

虚拟现实是一项新技术，是动漫创作各方面的主要因素。虚拟现实技术经过视觉效仿，联系各方位拍摄，和后期动画制作结合而成，解决了以往画面木讷和用户没有办法全角度看的问题。在现场拍摄和后期计算机效仿中加入环绕立体声，滤透掉各种杂音，给用户带来一种全新的体验。

公司既要提升动漫产品的技术水平，也要让产业链一直发展下去。所以应该对行业的长期发展重视起来，提升自己的优势，并且培养有天赋的人才，核心是技术高且素质高的人力资源。要想解决虚拟现实人才资源不足的问题，就要做好相应的工作，发展好相应的业务。

虚拟技术在当今生活中也不是很难见到，有的大型商场里会有虚拟技术的体验机器，人们佩戴好设备就可以看到模拟的场景，让自己身临其中，比如看到的僵尸等会觉得真的在你眼前，有的还会倒在地上都浑然不知，可以说是很有趣了。游乐场里，还有3D、5D的电影观看，还有模拟的过山车场景、丛林冒险等场景，让你一次玩个够。

动漫制作可以分为二维动漫、三维动漫技术，最受欢迎并且得到运用的就是三维动漫了，包括我们见到的动漫影片、电视里的广告、建筑学用到的动画等都需要使用三维动漫技术。动漫制作是一个需要紧密配合的工作。要想创作一部好的作品，需要有优秀的剧本和导演，除此之外，具有独特吸引力的人物造型是使作品更加引人注意的重要条件。

虚拟现实技术很早就被提出，也生产了很多令人喜爱的动漫电影。在虚拟现实技术火爆之前，很多的人才资源涌入这个行业中。但是也因为这个行业刚刚起步，人才对虚拟技术的想象力不足，并没有很好地带动其发展。

虚拟现实技术的创造和摸索可能会给动漫影视带来全新的发展，现在来看，虚拟技术的发展很迅速，也许目前这项技术还不是很成熟，但是在二次元的世界里，虚拟现实技术已经被很多人应用。在动漫产业的发展过程中，角色扮演一定会出现，技术也会越来越好，然后运用众多相关软件开始制作，这样就会增大成本和时间。所以，要想开发新技术，使动漫效果提升，最好采用虚拟现实技术，可以提高效率。

相对于发达国家，我们的虚拟现实技术不是很乐观，在虚拟现实技术方面落后于其他国家。随着这几年我们的科学和经济持续发展，在很大程度上促进了我国虚拟现实技术的发展，并且产业广泛运用在动漫等方面。

近年来网络技术的发展，为动漫制作创造了良好的基础。虚拟现实技术与动漫制作技术都有了很大的进步。然而，要想研究动漫技术与虚拟现实技术，就要把动漫制作和虚拟现实的设备结合起来，为较好地进行动漫虚拟设备的开发和使用，为能够使动漫制作技术更快的发展提供虚拟的环境。为提升动漫的真实性，在动漫制作的过程中，要以提升效率、减少时间和成本为目标。这些年来，运动捕捉系统可以明显地提高动漫的效果，有了很大的进步。

动漫制作与虚拟现实相融合，可以推动动漫产业良好发展，满足社会的需要。因为社会的迅速发展，人们对动漫制作的要求会越来越高，动漫制作与虚拟现实互融合可以提升效率，更好地适应社会发展的要求。虚拟现实技术与动漫相结合带来的是一种崭新的体验，那就是你可以和动画情节产生互动，你对动漫场景中不同事物的观看角度可能会改变角色关系和不同事情的产生。

随着经济和科学的发展，我国动漫制作的环境有了很大程度的提高，因为有了虚拟现实技术的加入，使我们的动漫产业得到了非常迅猛的发展。动漫制作与虚拟现实技术相融合获得了社会的关注，打造了基础。在科学技术的支持下，动漫制作产业会有更好的发展。

二、虚拟现实应注重动漫游戏的资源整合

众所周知，我国的动画产业拥有悠久的发展历史，动画产业中又包含着动漫，所以动漫作品也是各种各样的。随着信息时代的到来，人们研究出了虚拟现实技术，促进了动漫往真实、三维的方向发展。

在当今，虚拟现实技术的流行给动漫的发展带来了很大的促进作用，它的出现引领了动漫世界的真实性，和以前的传统动漫相比更加吸引观众，更加满足人们日益增长的生活需求。现

在虚拟现实技术的应用也越来越广泛，社会各界都在关注该技术的发展，可见该技术的研发是多么顺应时代的发展。那么这一节要讲的主题内容就是虚拟现实技术应该注重动漫游戏的资源整合。虚拟现实技术的研发不仅带动了动漫产业的发展，同时也带动了动漫游戏的发展。我们要知道动漫游戏属于动漫产业的衍生产品，它会给动漫产业带来收益。动画产业的盈利当然也包括动漫的盈利，但是它们如果只靠播放量是没有办法支撑下去的，也要依靠由此而衍生的产品来增加收益，只有这样才能让动画产业在具有经济基础的情况下更好地发展，从而促进动漫和动漫游戏的顺利发展。

（一）虚拟现实技术对动漫游戏的影响

说到虚拟现实技术，它的出现改变了太多东西，改变了以往传统动漫游戏的夸张的表现形式，改变了人们以前对动漫游戏的认知，改变了人们的生活环境，给人们带来了不一样的感觉、不一样的享受。这次我们就来说说虚拟现实技术对动漫游戏造成的深远影响。

1. 虚拟现实技术对动漫游戏创作者的影响

我们都知道动漫游戏是经过动漫游戏创作者的灵感而出现在人们的视野中的，所以动漫游戏创作者是动漫游戏的灵魂，一个动漫游戏是否足够吸引观众，就要看动漫游戏创作者的想象力是不是足够丰富，是不是满足观众的需求。动漫游戏创作者创作动漫游戏的过程非常考验一个人的想象力，而虚拟现实技术的出现就给动漫游戏创作者带来了便利，为什么这么说呢？

第一，虚拟现实技术的出现促进了动漫游戏创作者的感觉和感知，为他们的想象力开拓了一个全新的领域。作者的感觉和感知都被带到了这个虚拟世界里，动漫游戏创作者可以清楚地注意到动漫游戏里的每一个细节，可以感受到非现实生活中存在的东西，而且可以搞清楚它们的特征，然后再通过自己的想象力将它们的特征表现出来，这样，一部动漫游戏就被创造出来了。动漫游戏和虚拟现实技术的结合，还可以实现观众与动漫游戏人物的互动，让人们感觉身临其境。这些种种都会促进动漫游戏创作者的想象力。

第二，虚拟现实技术可以加深动漫游戏创作者对美的理解。动漫游戏创作者对美的理解对于一个动漫游戏的创作有很直接的关系。我们要知道不同的动漫游戏创作者对动漫游戏人物美的理解是大不相同的，每个人都会有自己的想法，只有当一个动漫游戏创作者真正领悟到美的含义，才会创作出一个吸引人的动漫游戏。虚拟现实技术在满足动漫游戏创作者的知识储备的同时，也可以加强他们对美的认识与理解，这样更能提升动漫游戏的质量。

第三，加强了动漫游戏创作者的艺术韵味。动漫其实也是艺术的一种表达方式，严格说动漫更是技术与艺术的结合。动漫游戏自然也属于艺术的一种。所以虚拟现实技术的出现，促进了动漫游戏创作者的艺术韵味，这一点毋庸置疑。

2. 虚拟现实技术对动漫游戏爱好者的影响

虚拟现实技术对动漫游戏爱好者的影响是十分明显的，它改变了动漫游戏爱好者对以往动漫游戏的认识，打开了动漫游戏的一个新的大门，而动漫游戏爱好者非常享受这个成果。毫无疑问，虚拟现实技术的研发，顺应了时代发展的需求，这是宏观方面。那么就动漫游戏爱好者的角度出发，就是它满足了他们的情感需求。以往动漫游戏里面的人物都是通过平面的方式表现出来的，且表现形式多以夸张的形态出现，然而虚拟现实技术与动漫游戏结合以后，动漫游戏开始变得真实，变得使人如同身处其中，这是何等的乐趣啊。所以虚拟现实技术的出现势必带动动漫界的一股热潮，不管是对动漫游戏创作者还是动漫游戏爱好者都一样。

（二）虚拟现实技术对动漫游戏资源整合的重视

对于动漫游戏而言，动漫游戏的资源就是在向社会提供作品或者服务的过程中所拥有的或者所支配的能够实现动漫游戏正常运作或者发展的各种要素组合在一起，简单来说就是人力、财力、物力的组合，这些就是动漫游戏发展过程中必不可少的有形资源。为什么虚拟现实技术要加强动漫游戏资源的整合呢？

1. 动漫游戏资源整合的内容

其实动漫游戏资源包括很多我们能想到的，也有许多我们想不到的。动漫游戏的第一资源就是动漫创作者与动漫游戏爱好者，即灵魂者与消费者。动漫游戏创作者和爱好者是动漫游戏发展的重中之重。没有这些人，动漫游戏就不可能发展，正是这些人对动漫游戏的热爱，促进了动漫游戏发展的脚步。第二资源就是行业之间的合作整合。任何行业都会有行业之间的竞争与合作，动漫游戏行业也是如此，在动漫游戏的资源中，行业之间的关系对动漫游戏的发展也起到了决定性的作用。在这一方面包括了行业合作伙伴的整合，也包括了管理机构的合作整合，还有与风险投资机构的整合。在这里有好多需要注意的东西等着人们去探索，要想将虚拟现实技术与动漫游戏完美地结合，人们需要锻炼自己的能力，增强自己的力量，在这条道路上不断探索、不断前进。

2. 动漫游戏资源整合的紧迫性

自从动漫产业的发展成为我国重视的工作，动漫游戏的发展也顺势快速地发展起来。这一局势的出现使动漫游戏公司如同雨后春笋般大量涌现，造成了动漫游戏产业激烈竞争，也就是产业的重复性太高，一个城市基本都是干这个的，就失去了这个产业原有的亮点，不仅如此，产业的重复性过高也导致国家资源的浪费。试想，当一个产业的重复性达到饱和时，这个产业的发展就会大不如从前，慢慢地就会濒临倒闭，这样就造成了国家资源的浪费。如果这段时间内去发展别的产业，是不是可以更好地促进城市的发展。所以就此看来，虚拟现实技术注重动漫游戏的资源整合是非常有必要的，也符合时代发展的社会需求。

综上所述，虚拟现实技术的出现确实促进了动漫游戏产业的发展，给动漫游戏带来了不一样的体验，但是在虚拟现实技术与动漫游戏结合的过程中，要十分注重动漫资源的整合，因为任何一个行业的发展与其资源的整合是分不开的。在动漫游戏发展中，如果只是一味关注动漫游戏的某一个资源，就会造成动漫游戏发展不平衡。所以虚拟现实技术注重动漫游戏资源的整合是形势所需，也是发展必要。在发展任何一项事物的时候，我们要懂得去探索事物发展所要具备的条件，只有这样才能让事物发展得更加顺利，才能达到我们心里想要的效果，才能达到世人心里想要的效果。

三、以虚拟现实项目推动动漫游戏的发展

在这个虚拟现实科技横行的时代，动漫游戏与虚拟现实的结合所产生的巨大化学效应与优越性已经日渐凸显，截至目前，其正以蓬勃的速度受到全球各方产业人士的关注。虚拟现实科技作为焦点，其发展必然会迎来前所未有的成功。众所周知，虚拟现实技术隶属于计算机范畴，作为一个新兴的技术产业，是一个技术与科技的结合体，代表着最前卫的技术流以及最超前的综合体。动漫游戏与虚拟现实的结合是采用以计算机技术为核心的现代高科技手段，在特定范围内生成逼真的视、听、触觉等一体化的虚拟环境，用户借助必要的仪器依靠自然的手段和“虚拟世界”中的物体实行交互，进而创造出体验者参与到真实环境的身心感受。这种结合体一个最主要的优点就是能够与其他学科很好地融合。

虚拟现实与动漫游戏艺术的相辅相成，创造产生了一种新型的艺术语言形式与产业模式，对动漫业领域的发展来说，虚拟现实科技带来的转折点似的变化最先体现在作品的体验方式上。利用虚拟现实科技，创作者可以全方位地将一个动漫世界补充和还原，而观众接触到的不再是利用作者的笔触描写后自行想象的世界，而是能够直接利用眼睛看到“真实的世界”。这个“真实的世界”，带来的不仅仅是视觉上的感受，更是观众全身心的感受与精神的体验，从不同角度、不同方位、不同层次观看影片、欣赏动画，这是一件多么动人心魄的观看体验啊。这一切都源自这种科技工具与艺术思维密切交融所创造出的虚拟仿真系统，这个系统的构建并不是简单的，在组成和结构上都聚集了最前沿的科技，因此，它能够大大提升动漫游戏制作的科技水平。

在虚拟现实技术的带动下，我国的动漫电影行业的发展绝对不是用只言片语能够形容的，因为目前人们对虚拟现实技术的理解尚处于初步阶段，即便是这样，动漫动画艺术还是能够巧妙地借助独特的表现语言增强虚拟现实的仿真性和艺术性，创造全新的审美体验，促进动漫产业的再生与发展。这样就将动漫产品与观众之间的关系彻底改变，在相对关系上来说，虚拟现实技术创造的产品与观众之间的信息传递不再是单纯的“发送—接收”，而是双向的、可循环的信息传递。发展是不会止步的，科技的进步也是日新月异的，而当前的虚拟现实技术也在不断地发展和进步成长。虚拟现实项目与动漫动画已经变成贴近人们生活的产物，逐步进入了普通人的日常生活，让这种体验不再是渴望而不可即的。走进电影院，你面对的将不再是传统用语言叙述的故事情节，而是近似于科幻电影的虚拟现实体验，这样的视觉体验吸引了越来越多的观众，让越来越多的人感受到科技进步带来的愉悦感。游戏和动画两个产业借由虚拟现实互动体验兴起的东风将自身的潜能进一步激发，形成了全新的表现风格，并对产业的发展产生了深远的影响。

不得不说的是，在动漫动画产业发展过程中，如果能很好地借助虚拟现实技术打造出虚拟现实项目，就能够更好地吸引市场投资，从而提高我国动漫游戏市场活力，进一步促进我国动漫游戏产业的发展与进步，而且能在一定程度上减轻政府在财政方面的负担。我国对于动漫游

戏产业的发展投入了较大的精力，还在沈阳和大连建设了国家级的动漫产业基地，随着社会的不断发展，我国动漫产业链也在不断完善，形成了一定的产业规模。当前的任务就是快马加鞭拓展我国动漫产业市场发展。虚拟现实技术作为当前新兴的科学技术，要是可以合理恰当地融入动漫产业，就能吸引更多的产业加盟者，对我国动漫产业的发展也会有更为积极的促进作用，同时还能有效地提高我国动漫市场活力，使我国的虚拟现实技术与动漫游戏产业协调发展，使我国游戏产业得到更好的发展。

我国动漫产业的发展与进步已经进入一个饱和阶段，接下来的任务就是转型，此时，把动漫产业与虚拟现实技术合理恰当地结合，其优越性不言而喻，也符合相关部门所倡导的“利用互动、虚拟现实等新技术”的标准。

以虚拟现实项目推动动漫游戏的发展，应采取以下措施：

第一，关注品质、抓质量精品，坚持原创、扶持原创。随着竞争的加剧，产品的质量是企业的生命源泉。随着我国经济实力的增强与社会生活的进步，越来越多的人开始注重质量问题。众所周知，质量是决定产品的唯一标准，好的质量决定企业的口碑，可以说，重视产品质量的公司一定是能够取得成功的公司。动漫动画产业要想取得成功，想在行业的竞争压力中脱颖而出，重视产品质量则是第一要务，要关注品质、抓质量精品，与此同时，要着力扶持、原创扶持精品，鼓励优秀原创内容的生产创作；利用国家动漫精品工程、动漫品牌建设和保护计划、动漫扶持计划、民族原创动漫形象奖励扶持等政策和项目，大力支持优秀内容的生产创作。

第二，虚拟现实项目推动动漫游戏的发展要求领导干部鼓励和带动员工，一定要积极地发挥和强化领导力。重视动漫游戏产品质量的企事业单位的领导干部要起到表率作用，其自身要在践行和重视动漫游戏产品质量的同时也要鼓励和领导员工自觉遵守动漫游戏质量规则，在发挥和强化领导力的同时给予员工一些心灵上的慰藉和提供精神动力，让员工产生对工作单位的归属感和责任感，这样才有利于以虚拟现实项目推动动漫游戏的发展。

第三节 虚拟现实技术下动漫游戏的应用创新

一、虚拟现实下的动漫游戏

虚拟现实游戏是一种很容易被大众理解的应用。不管是投资者还是消费者，都期待着有更好的虚拟现实游戏诞生，挑战人们的感官极限。大部分消费者认为，虚拟现实游戏可以帮助每一位玩家进入一种好莱坞式的世界，就像是电影中的主人公一样经历那些比较惊险的场景，让大众的视觉感受得到极大的满足和精神上的刺激。

对虚拟现实游戏来说，不仅要看得爽，还要玩得爽。什么是玩游戏呢？就是通过一些可以操纵的设备进行游戏内容。在PC端，用户通过鼠标和键盘来玩游戏；在手机上面，玩家需要通过手指触摸屏幕来玩游戏；在游戏机上，玩家是通过使用手柄来玩游戏。那么问题来了，在虚拟现实系统中，玩家是怎样来玩游戏的呢？

现如今的虚拟现实技术正在向真假难分的视觉体验方向努力，依据现在的技术发展来说，这个目标在数年内是可以实现的。但是，虚拟现实技术还处在一个比较原始的状态，像显示技术那样形成比较真实的体验，还存在一定的困难。就像前面所说的，虚拟现实系统中的信息输入技术仍面临比较大的考验，玩家在戴上虚拟现实的眼镜之后，会本能地反应伸出双手、迈开双腿来感受虚拟的世界。然而精确到肢体动作的信息输入方式，目前只是应用于电影特技等一些比较专业的领域。在大众消费的市场领域中，我们看到的只有键盘、鼠标等一些比较基础的信息输入设备。

如果一家虚拟现实的游戏公司对你说："为你准备了一款真实的虚拟现实跑步的游戏，但是需要坐在椅子上拿着手柄来玩。"这样的话是很打动买家的，买家很难拿出钱包买单。虚拟现实系统的信息输入方式一定要非常接近真实，也一定要经过用户的严格考验，但是现如今的信息输入技术还处在一个理论的层面上，很难在短时间内讨论出最佳的方案。即使这个技术可以在近些年出现，但是距离真正的成熟还很遥远。微软公司在配置游戏手柄时花费的费用超过1亿美元，这样的大资金投入才能给用户提供比较舒适的手感和比较一流的操作性能体验。在虚拟现实系统中的信息输入技术不仅要在用户体验上接受比较严格的考验，还要保证价格比较低、质量具有可靠性等所有大众消费品都需要面对的问题。因此，在短时间内还是没有完全成熟的虚拟现实信息输入解决的方案。

如果虚拟现实技术在短期内很难解决这些缺陷，那么是否就认为虚拟现实游戏在近些年来并不具备商业领域的价值呢？在电子游戏的领域中，对这样的事情并不能作出太过绝对的决定。诞生在20世纪80年代的《超级玛丽》电子游戏，一度风靡全世界，影响着一大批的"80后""90后"，给他们的童年带来了无尽的乐趣。这款游戏在如今看来，其实在各角度上都显得非常原始，没有什么解析度的马赛克画面，那些极其简陋的音乐效果，还有单调的游戏操作方式都是一些如今可以直接“被判为死刑”的缺点。就是这样一款没有任何技巧的游戏，不可思议地为任天堂公司带来极大的商业成功和声誉，这款游戏成了游戏销售历史上的一个神话。

说到这款游戏的成功主要还是因为设计师在技术存在局限性的范围内为这款游戏付出了更多的心血和创意，当然这些创意都是经得起时间考验的，这就使这款游戏成了一代人的经典回忆，《超级玛丽》就是通过创意性的设计给用户带来了非常愉悦的游戏体验过程。

对于虚拟现实游戏行业来说，信息输入技术的缺失，使研发对信息输入要求较低的虚拟现实游戏来说还是和实际比较相符合的。也就是说，虚拟现实游戏的魅力不仅依靠视觉的感受，还需要加入一些其他的因素来吸引玩家的注意力，一般将这些因素归因于聪明的创意设计。

相比于PC端的游戏和游戏机上的游戏，手机游戏对于虚拟现实游戏行业的启发意义更大，手机游戏并不需要像PC端和游戏机上有较为强大的计算能力，也不需要配备更大的屏幕或者比较专业性的游戏手柄等输入设备。从视觉的体验角度来说，手机的表现力是比较差的，但是手游已经成了如今市场上玩家数量最多的游戏类型，也就是说手机游戏已经成了一个很重要的游戏市场。其实在技术成熟之前，虚拟现实游戏和手机游戏存在的问题是比较相似的：输入方式不理性。那么手机游戏是如何成为最重要的一个游戏市场的呢？

手游如此火爆，一是因为手机可以随身携带，玩家可以随时随地地玩游戏，而主机游戏就只能回到家中才可以玩。也就是说手机游戏可以将娱乐的场景放在任意一个位置，比如在上下班的路上、公交上等。当然，随身携带这一特点也不是唯一吸引大量玩家的原因，根本性的原因还是游戏比较好玩，在玩游戏的过程中可以让玩家感受到无尽的乐趣。手机游戏聪明之处就是虽然不能为玩家提供感官上的刺激，却通过加入创意设计来提升游戏的整体体验，增加玩家玩游戏的乐趣。

以《愤怒的小鸟》游戏为例，这款游戏的下载量为数十亿，给游戏开发商Rovio公司带来了巨大的收益。

这款游戏仅仅是一款具有卡通风格画面的2D游戏，玩法也很简单，玩家只需要拖动弹弓将小鸟射出去，让小鸟击中全部的小猪就可以进行下一局的游戏。这款游戏其实和《超级玛丽》相似，设计师在每一个环节都加入了自己独特的设计创意，无论是在音乐的效果还是卡通的形象或者是镜头的动画，都充满设计师的创意和心血。

虽然在短时间内虚拟现实游戏存在着技术上的不完美，但是这并不意味着虚拟现实技术下的动漫游戏在技术成熟之前不具备商业价值。事实上，巧妙地加入一定的创意设计，就可以为这些简单的游戏增加无穷无尽的魅力。虚拟现实游戏设计师尽可能地发挥创意，可以让游戏散发出视觉以外的魅力。

二、虚拟现实技术应带给观众全新式交互体验

如今，虚拟现实技术已经逐渐融入我们的生活，房地产公司可以通过ipad的销售和商业显示系统实现客户对未来住处的亲身体验。为让学生能真实地感受到实验的操作过程，部分学

校还进行了虚拟实验教学。每个博物馆、展览厅为让参观者可以深入了解每一个展品，使用了虚拟现实技术。大型的工业生产通过虚拟现实技术可以利用电脑就完美控制整座工厂的运行。由此可知，虚拟现实技术从多方面给我们带来了全新的交互体验。

游戏中，虚拟现实厂商倡导在游戏中实现虚拟现实场景，这是一个杀手级的场景。通过眼镜、头盔等真实穿戴设备，加上手柄、地毯等配件，让用户在场景中畅游，给他们一个比电脑、手游和游戏机更真实的体感交互、压力反馈等交互体验。虚拟现实设备有机会在游戏中先行爆发，并且将会非常受游戏爱好者的欢迎。

随着在线演艺的兴起，虚拟现实将来也会应用到网络演唱会，通过特殊设备和音乐平台的应用，观众可以体验在家中举行演唱会的气氛。从电脑或手机看到的现场会只有影像，没有角度，而虚拟现实设备可以模拟出演唱会的光影、氛围、吵闹、人群等现场感。

在旅游方面，理论上来说，通过虚拟设备做的虚拟旅行违背了“行走在路上”“生活在另一个地方”的旅行的本质。有些旅行爱好者希望去战乱国家、珠穆朗玛峰或者深海海底等对于普通人来说遥不可及的地方，但是，虚拟旅行在虚拟现实设备中加入气味和声音，让旅行者可以 360 度全景观看，可以让旅行者通过选择不同的季节、不同的时间进行游览，还可以模拟在目的地留下到过的痕迹。显然，虚拟现实旅行让旅行者体验到比视频、照片、地图街景更好的体验。

未来，虚拟现实设备也将应用在各大展会及各大展览馆，让观众可以通过佩戴设备收听解说，复原现场。当年南京大屠杀的惨状可以借助虚拟现实设备在南京大屠杀纪念馆进行还原；以后人们在家中就可以参观到各种展会或展览馆。虽然 Google 地图等软件完成了全景博物馆的体现，但数字地图不能像虚拟现实设备展现的那样让你触摸参展物，难以形成逼真的观看过程。

当你看着电视、听着音乐在跑步机上跑步时，应该会感到很枯燥。如果此时有一个可以让你感觉是在有着鸟语花香，有阵阵松风，溪流潺潺作响的森林里奔跑的跑步机，你会不会心动呢？虚拟现实技术通过室内运动的户外化，可以加强你的运动体验，让你有一个更加愉悦的运动过程。有了虚拟现实设备，当你在游泳时，从泳镜中可以看到近在咫尺的鱼群，当你一个人在打球时你也会感到队伍中有乔丹的加入——幻想可以成为现实，这样增添了运动的激情，会让你觉得运动更有趣味。利用虚拟现实设备使训练效果已经成熟的高尔夫室内模拟训练产生更好的效果。有了虚拟现实设备，冲浪、滑翔、攀岩、打网球都可以通过虚拟现实设备来训练，从而让你能够充分地了解某项运动技能。

虚拟现实技术可以实现家庭的互动，一个温暖的家庭是因为有老人、丈夫、妻子及孩子的陪伴。但现在很多家庭处于男人经常出差，新生儿母亲要去上班，孩子要去学校上学这么一个聚少离多的情况。虽然现在有很多远程的沟通方式进行交流，例如电话、视频，却不能有更近距离的接触。比如想在外地出差时牵着孩子的手去散步，想在酒店的沙发上跟妻子一起看电视，想跟异地的家人们围炉夜话，或者当你在外走路时闻到妻子烹饪的香味，这些，虚拟现实技术都可以帮你实现，这属实是一个让人心动的应用场景啊！

虚拟现实技术还可以实现实时分享。应用运动摄像机与虚拟现实眼镜结合，将你经历的一切无死角分享给他人。用户可凭借运动摄像机摄录的内容制作成虚拟现实内容来观看。相比于照片、视频分享，虚拟现实技术更加快速方便和形象。其他人也可以通过虚拟现实眼镜等设备观看未来车载、运动摄像机、头盔式设备制作出来的虚拟现实内容。

在新数字媒体艺术的迸发和计算机网络技术的不断发展下，虚拟现实电影由计算机技术和电影艺术相结合，其达到的互动体验是其他任何艺术都无法实现的。观众在观影过程中可以走进电影场景，360 度全景式观察周边，还可以与场景中的人或物进行主动交互，在虚拟体验过程中可以创建一个隶属于个人的回忆录，创造一个语无伦次的故事情节，营造一个虚拟的梦幻空间，并可以将个人生活经历进行再创造。

技术，一直改变着新闻的呈现方式，与虚拟现实的融合也使观众体验到新闻的不同。在华盛顿举行的世界新媒体大会上，世界编辑论坛发布的最新的新闻编辑部趋势报告中认为，在新兴可穿戴技术和更便宜的虚拟现实设备的刺激下，游戏和虚拟现实技术正在改变新媒体生产故事的方式。这样，使观众足不出户就能感受重大新闻现场逐渐变成现实。新技术游戏、虚拟现实、可穿戴技术与新闻的融合已经呈现雏形。

在手机和移动互联网带给我们的巨大影响下，虚拟现实也将与新闻产生不一样的化学反应。虚拟现实与新闻融合，没有了中间人的角色，让观众可以与新闻中的人物建立深刻的感情，让人们对新闻事件有切身的感受。通过虚拟现实装备让用户身临其境“听故事”，将会逐渐改变新闻生产和消费方式。未来，在战场新闻报道、体育比赛等场合应用虚拟现实技术可以激发观众的热情，使新闻变得更有趣味性。

虚拟现实技术与新闻的融合，既可以让新闻信息有效地传播，也使观众获得了更多的自由感和满足感。但是，虚拟现实与新闻的融合也有局限性。虚拟现实的新闻报道需要一笔不菲的支出，这对于新闻机构和普通观众都是一大问题。这就限制了新闻报道的范围。所以，要想使其完善，就需要新闻从业者和技术人员继续探究。

三、虚拟现实技术应满足个性动漫用户的体验需求

时代在发展，各种消费形式多种多样，如果跟不上消费者的消费理念，不管是民营的大公司和企业，还是国有企业都将面临被大众抛弃的局面。以前的消费是“务实派”，在满足生活需求的基础上并没有太多的娱乐项目，更不用说提供精神享受。现在的消费形式直接跨入了“创新派”，跟不上个性化思维的步伐，必将被无情地淘汰。必须以用户为第一生产视角，如果说做不到引领消费，至少要做到满足已知的用户需求。动漫游戏这个以文化基底为支撑的产业，必须找到新的发展方向，与最新的可切入的创新型技术相融合，才能有所发展，才能不被湮没在现代化发展的长河中。

当今社会的消费者越来越注重精神享受，越来越青睐个性化服务，他们在根本上找到了个人的精神需求。这使得精神享受层面的娱乐项目就像雨后春笋般发展起来。因为时代的发展，各行各业变得界限明了，大家做的事情也千篇一律，更多人想找到释放压力的出口，让生活变

得丰富多彩，这无疑是娱乐行业的一个重大突破口。人们纷纷出国旅游，去登山、蹦极，去大型的游乐场寻找快感，但是这些需要大量资金不说，关键是需要大量时间，而作为一个普通的上班族是很难有这样机会的。于是有人把握良机创造了虚拟现实技术，让消费者在家就能体验千里之外的登山、蹦极、滑雪等各种娱乐项目。当然我们的动漫行业也紧紧抓住机遇，与虚拟现实技术相融合，找到了创新与发展的敲门砖。

（一）动漫用户个性化需求的拓展

现在的服务体系都是以用户为中心拓展开的，从一个消费者入手找到需求的满足感，在享受被满足的同时找到自身存在的价值，例如在游戏中获得胜利的感受，他既是一个创造者也是一个消费者——对于这款游戏他是消费者，但是游戏人物的生成和成长都是消费者决定的，这又代表了他是一个创造者。因此找到用户个性化的服务体系对于动漫产业的发展有很大的帮助。

我们生活在飞速发展的互联网时代，消费者业余时间的争夺是决定一个娱乐项目公司成败至关重要的一环，所以必须快速生产，也能让大家快速消费。如果消费与创造能双管齐下，很大程度上就能解决这个问题。而个性化服务就是引导用户生产的一个切入点。先找到用户的个性化需求，使用户对产品产生一定的黏性，进而对此服务做出肯定的评价，在此基础上激发用户自身的创造本能，满足自己的创造欲望，这样就能得到一个正向的反馈，用户既消费也能生产，减少了生产成本，还能大量扩大生产途径。

（二）虚拟现实技术对动漫用户个性化的影响

动漫影视的发展也是多样化的，动漫电影、动漫游戏是动漫产业发展的两个巨头。对于用户个性化体验的发展模式，虚拟现实技术的研发对动漫产业的发展无疑是锦上添花，这一技术与动漫产业的融合，直接打通了动漫用户个性化服务的脉络。VR 动漫影视、VR 动漫游戏就这样开始在现代化产业舞台上大放异彩。因为 VR 电影是一种筛选性观看的电影，所以每个所选择的部分都是不同的，这会导致每个人所理解的电影内容会不同。这个现象的存在直接影响了 VR 电影的发展，各电影行业对此争议不断。

相对于传统影视来说，VR 动漫影视的发展更加趋近于游戏的视觉效果，加强了体验感和互动感。因为传统的动漫电影主要是视觉和听觉体验，没有互动效果，整个体验感觉很干瘪。而 VR 技术的加入直接让消费者身临其境，融入整个故事过程里。这就是为什么很多消费者将 VR 视频称为 VR 体验，而这种体验已经完全超越了一个动漫电影的范畴，不单是电影的制作，用户的体验方面也有了革新。

VR 视频是一个全景的视频，跟以往的普通视频完全不同，原来的视频屏幕的边框没有了，全景就像把观众放入了情景里面，观众会注意什么，他要看什么，导演在一定程度上是控制不了的。这导致了 VR 动漫电影视频等的制作难度大大提高，如何控制和引导观众的注意力和对情节的认识，就成了导演对整个视频制作把控能力的一大挑战。它类似于一个戏剧表演，只是在戏剧表演的时候，观众站在其中不参加演出而已。所以 VR 电影可以借鉴戏剧的创作特点，找到整个剧情的核心引爆点，极力阐释。VR的动漫电影制作不适合长视频的制作，目前的技术和整体发展更适合15～30分钟微电影的制作。相同的动漫视频内容，传统电影需要全方位对情节进行诠释，花的时间比VR电影需要的时间更长，所以虽然VR电影变成了短片的核心，但它承载的内容并不会减少，只是换了一个表现形式。如果在这个基础上敢于大胆创新，就像一千个观众就有一千个哈姆雷特，能做到每个人的感官可以自由选择，选择自己想要看的那一部分内容和情节，这个操作将会是动漫和影视行业发展的一大飞跃性创新，真正做到了消费者个性化选择。

VR动漫游戏在基因上与传统动漫游戏具有一定的相通性，VR动漫游戏中的空间追踪技术非常强大，它能够让玩家在游戏里面直接感受到真实的操作状态。这个技术的研发能让线下体验与线上结合，让游戏互动性更强，游戏更加具有趣味性。玩家与玩家的互动增强了社交性，在这种模拟真实的社交过程中，玩家的攀比心、虚荣心和占有欲等将直接被激发，直接刺激了玩家在游戏内的消费。因为VR游戏中物体的高仿真性，它可以作为一种广告模式完全与电商打通，根据玩家的设定和自身喜好等推送相关产品，间接地做到个性化服务，促进相关产品的销售量。

在VR动漫游戏的设计中，开发者为玩家提供了很高的创造性，例如自发建筑和未知探索的两种模式。但是玩家在体验时需要同等的感官体验，例如游戏里面有一堵墙，那么在实际的地方也需要设置类似于墙的物体，以便于玩家的真实触感，而且墙面的粗糙度、材质等都需要一一对等。根据虚拟现实未来发展的趋势看，多维感官是必需的，视觉、听觉、嗅觉、触觉等五个感官的虚拟是进一步的发展方向，目前VR游戏的开发头部还是互联网的几大巨头，包括腾讯游戏、新浪游戏、网易游戏等。他们纷纷建立自己的VR游戏、影视等基地。一些新入局的玩家也想在市场有一席之地，建立自己行业的堡垒。但是至关重要的还是以消费者为核心，没有消费者的支持必然失败，一切将化为泡影，而个性化服务则是现代化建设绕不开的话题。

第八章　虚拟现实技术在创新创业中的应用

第一节　虚拟现实技术的行业应用及特点

虚拟现实因其惊人的体验而备受关注。它允许用户沉浸在模拟环境中进行交互，这是一项复杂而先进的技术。但和电脑一样，因为成本高，最早用于商业领域，后来逐渐被消费者所熟知，作为“新玩具”来到游戏玩家面前。但它的价值不仅仅在游戏领域，在教育、零售、影视、工业等领域都有着不可替代的作用。

虚拟现实可以大幅降低运营成本。与传统的面对面会议或工作坊相比，特别是当参加者来自分布式场所，必须前往一个固定地点进行聚会时，虚拟现实为组织方和参会者节省了场地租赁、空间装饰、物流和差旅费用等成本，同时也节省了旅行等所消耗的时间成本。它还为用户访问和连接提供了灵活性，因为可以从任何地方连接到虚拟现实环境，如笔记本式计算机、平板电脑或手机等。

一、虚拟现实带来行业应用新形式

虚拟现实具有高度可定制性和可扩展性。随着3D建模技术的成熟，虚拟现实环境中的数字化组件易于创建、维护和处理。由于可以预先设计和构建模型结构和块，玩家可以像玩乐高一样容易上手。此外，所有用户生成的内容（UGC）可以集中存储并可用于后期处理，可以使用在各行各业中。

（一）虚拟现实在航空业的四种新形式

虚拟现实从四个方面影响了航空业的发展，创造了更多的价值，在一定程度上节省了时间和资源。虚拟现实在航空领域的应用带来了更多的可能性，如丰富机上娱乐，改善乘客体验，让飞行员进行沉浸式训练等，这方面已经有很多案例了。虚拟现实在航空业有很多用途。

1. 提升乘客飞行体验

长途飞行很无聊，以前机上唯一的娱乐就是看书、看电影或者听歌。丰富机上娱乐，提升乘客飞行体验，一直是各大航空公司致力解决的一大问题。虚拟现实让航空业找到了好帮手。乘客可以沉浸在虚拟环境中，时间似乎过得更快。

一些航空公司试图在飞机外安装摄像头，以便乘客在飞行时可以欣赏外面的风景。虚拟现实让乘客感觉像在云端飞行，这带来了梦幻般的飞行体验。

一些航空公司已经开始为头等舱乘客提供虚拟现实头戴式显示器作为机上娱乐设施，而不仅仅是一个耳机。

2. 培训航空从业人员

自从第一台飞行模拟器用于训练飞行员以来，已经过去了许多年。现在虚拟现实提供了一种训练飞行员的新方法。

飞行模拟器价格昂贵，每个航空公司都面临着飞行模拟器供不应求的问题。另外，飞行模拟器需要很大的空间，占用大量资源。虚拟现实可以很好地解决这些问题。虚拟现实带来的沉浸式体验，使飞行员坐在驾驶舱内，在逼真的场景中操作，另外，购买虚拟现实设备的成本远低于飞行模拟器，节省了大量资金。值得一提的是，虚拟现实可以让更多的飞行员同时进行训练，大大提高了训练效率。

虽然虚拟现实不会完全取代真实的飞机训练，但作为训练的辅助手段，虚拟现实对于拥有大量机组人员的航空公司来说是非常有利的。

3. 治疗人们的恐飞症

虚拟现实不仅适用于机上娱乐和训练，也适用于治疗害怕飞行的乘客。

许多研究表明，虚拟现实体验可以通过启发和鼓励来改善人们的心理问题。最好每个人都能体验虚拟现实，尤其是精神状态和心理素质不好的人。

有很多科技公司致力于用虚拟现实解决人的心理问题。他们开发了一些虚拟现实应用，可以帮助缓解人们的恐惧症，再加上传统的心理治疗，可以取得更好的效果。

4. 用于营销提高企业声誉

阿联酋航空公司在其网站上增加了虚拟现实体验，让用户看到其A380飞机的内部。用户可以漫步在3D渲染的经济舱、商务舱和头等舱，以及豪华的休息室和淋浴间。

虚拟现实营销不仅存在于航空业，也存在于任何行业的营销活动中，借助虚拟现实，消费者可以在消费行为发生前感受到企业提供的服务，从而刺激购买行为。

除了以上四种虚拟现实与航空工业结合的方式，我相信虚拟现实对于航空工业还有更多的可能性。但需要注意的是，即使虚拟现实与航空工业结合的方式有很多，也有一些已经尝到了甜头，但并没有得到广泛的应用。虚拟现实的价值还有待开发，随着虚拟现实相关技术的迭代，相信虚拟现实会给人们带来更多的惊喜。

（二）虚拟现实系统改变传统的参观博物馆方式

虚拟现实博物馆是在“虚拟现实+”的应用潮流下产生的，极大改变了传统博物馆枯燥、死板的印象，给人们提供有趣科普知识的同时带来了不一样的高科技游览享受。

虚拟现实技术在博物馆展览上的应用，能让人们自由穿梭于时间隧道，随意跨越广阔的地域，在虚拟现实场景中尽情游历文化古城，欣赏文物的精髓。

博物馆虚拟现实展览系统以沉浸性、交互性和创造性的形式完美展现历史事件、文物、情景等，充分利用计算机技术连接庞大的三维数据库，让众多的数据实现可视化，以三维立体的仿真模型展现在人们面前，让人们身临其境。

博物馆虚拟现实展示系统能够以艺术的手段展示博物馆的方方面面，实现目前很多博物馆不具备的功能。虚拟现实博物馆可以很好地保护古代文物，同时让观众真正近距离接触文物。

在过去，为了保护古代文物不受到破坏而将文物收藏到展柜中，参观者无法近距离观看文物细节，更不用说触碰了。虚拟技术帮助博物馆解决了这个难题，利用三维仿真技术对文化古物进行重建模拟，并存放在虚拟博物馆中，人们可以随意拿起来观看，这既满足了参观者的好奇心，又保证文物不受到损害。

在以往的文物保护过程中，就算文物工作者用尽各种办法全力去保护古人留下来的物品，也难逃时间的魔掌，脆化、脱色、剥落等现象始终不能避免。利用虚拟现实技术，不仅可以复原所有的文物原本的样貌，展现它崭新的形象，而且永远不会变样。

（三）虚拟现实带来看房新方式

使用虚拟现实眼镜可以带来全新的买房体验。这些眼镜就像用户脸上的潜水镜，但用户看到的不是一群鱼，而是一个公寓。往前走，试图进入卫生间，不小心撞到墙壁和门。这是数码设计公司根据房地产公司的施工方案设计的建筑及周边环境的虚拟透视图。这种想法的目的是让潜在买家能够戴着虚拟现实眼镜在大楼周围走动，让他们看到大楼周围的真实场景。这些体验越真实，顾客就越有可能花巨资购买房产。

虚拟现实技术有望改变房地产行业，让“卖房”这种“技术活动”更加有效。首先，可以帮助初入一个环境的人看清所购房屋的详细情况和未来周边的开发环境，在一定程度上缓解他们对未来房屋开发的后顾之忧，加快交易进程。此外，购房者还可以提前了解所购房屋的信息，缩短了看房时间。3D漫游技术已经变得非常流行。

3D漫游其实是10年前流行的全景相机的升级版。用户可以在不戴头盔的情况下，通过鼠标和键盘的操作详细观察公寓内的场景，还可以放大图像查看细节。尤其是对于那些想在国外买房的购房者来说，在家里提前看看未来房子的具体情况，再通过虚拟现实设备来实地详细考察，真的方便很多。虚拟现实图像还可以呈现未来建筑的周围环境。虚拟现实卖房的好处有：

（1）提高房屋参观和销售效率。

（2）不用看现货房产。

（3）提供修复和翻新的新形式。

（4）以质量为导向的广告租赁。

（5）改进的租户沟通。

（四）虚拟现实提供技术与艺术相结合的新形式

在影像中，人们分不清真实和虚拟，这就抬高了虚拟图像的地位，使其达到一种不真实但非常真实的效果，进而在很多方面表现真实图像的作用。从技术发展来看，虚拟现实、增强现实、混合现实在虚拟效果上也在不断向现实延伸，最终目的是取代现实或者独立于真实图像。从技术角度来说，虚拟现实正在慢慢走向成熟，而增强现实还处于探索阶段，混合现实需要时间才能得到比较大的发展。

每一项新技术都会产生自己的艺术形式。一旦虚拟现实技术成熟，新的艺术形式将成为最引人注目的艺术形式。它不仅会改变电影的形式，还会改变表演、导演、音效、画面。

在虚拟现实技术与绘画表现相结合的领域做了初步的实践。上海世博会中国馆《清明上河图》是虚拟现实技术渲染和动画技术在数字绘画领域的成功应用。《清明上河图》不仅将原画放大了 30 倍，长宽分别为 128m 和 6.5m，还将原画的平面延伸到一定的立体效果，将人物由静态变为动态，并辅以语音对话，生动地展现了宋代的一派繁华都市景象。

虚拟现实技术下的数字绘画逐渐突破传统的二维平面、静态表现的概念，呈现出虚拟、交互、动态、多感知的表现特征。虚拟现实技术的应用使新时代的数字绘画不断突破原有的概念，将数字绘画的概念泛化，并赋予其新的多样化表现形式。总结发展现状，虚拟现实技术下的数字绘画有以下表现形式：交互式全景绘画、传统绘画的三维仿真和多感官表现。

虚拟现实技术越来越广泛地应用于数字艺术创作，成为新媒体艺术家的新宠。不同于传统的艺术创作，虚拟现实技术下的艺术创作可以给人带来五维多感官的体验，可以给人一种身临其境的艺术体验。虚拟现实下的数字艺术丰富了传统艺术的互动形式，通过动画、声音等与观众互动。虚拟现实在艺术领域的应用为数字媒体艺术带来了新的艺术表达语言和新的艺术感官体验，虚拟现实技术的发展也在不断推动新媒体艺术的创造性和多元化发展。在数字绘画领域，虚拟现实技术也有着广阔的应用和发展空间，必将在绘画领域有所突破，有所作为。

（五）虚拟现实创新营销新方法

“虚拟现实 +”的形式已经渗透到各行各业。对于营销行业来说，早已率先探索如何将传统营销与当下流行的虚拟现实技术相结合，通过相互碰撞和融合，改写营销行业的未来模式。

虚拟现实营销最重要的价值在于场景感强，品牌超现实体验，互动性强。能够引领潮流的虚拟现实技术，无疑会让很多人感受到与传统形式不同的新鲜感和兴奋感。抓住消费者的好奇心是营销的有效手段之一。虚拟现实的交互性和沉浸感能在短时间内吸引用户的全部注意力。有科学证据表明，人们对虚拟现实体验的记忆不仅长久而且深刻，在“讲故事”的营销问题上，虚拟现实可以帮助人们在“感性”和“理性”之间找到更好的平衡。数字营销不是“齐帕论”，消费者没时间也没兴趣听产品特性分析和利弊辩论。虚拟现实大概是打通感性、植入理性的最好媒介。而且随着营销方式的多样化，虚拟现实可以以多种形式进入不同的行业和企业。

虚拟现实在以下方面改变了营销：

1. 视觉传输

视觉营销在过去的几年中已经成为网上营销的主要推动力，而虚拟现实会进一步推动视觉营销。它优化了传统在线直播，能提供更好的临场感和全景观看体验。虚拟现实技术通过视觉模拟，结合 360° 全景拍摄及后期画质拼接合成，解决了传统 2D 直播画面呆板和用户无法全角度观看的问题。

2. 沉浸感

虚拟现实所提供的沉浸感是最大的卖点之一，对营销来说也有很大的影响。虚拟现实背后的意义是360度全方位感受，而这也是用户所期待的。虚拟现实技术在现场录制和后期计算机仿真中加入环绕立体声，过滤掉现场杂音，将“音效、场景、人物”融为一体，给用户带来真正的体验。

对于品牌而言，虚拟现实的出现正让营销这一传统行业激发出无限可能性，建立全新的市场营销体系。可以想象，未来任何领域的品牌和产品都可以找到适合自己的形式进行虚拟现实营销。

（六）虚拟现实教育将作为创新教学的改革方式

“互联网＋教师教育”创新行动，充分利用云计算、大数据、虚拟现实、人工智能等新技术，推动教师教育信息化教学服务平台的建设和应用，促进以自主、合作、探究为特征的教学方式改革。启动教师教育网络开放课程建设计划，遴选认定200门国家级教师优秀网络开放课程，推动网络开放课程的广泛应用和共享。实施新周期中小学教师信息技术应用能力提升工程，带领中小学教师、校长有效应用现代信息技术进行教育教学和学校管理。研究制定师范生信息技术应用能力标准，提高师范生信息素养和信息教学能力。依托全国教师管理信息系统，加强在职教师培训信息管理，建设教师专业，发展“学分银行”。

（七）虚拟现实改变人类娱乐方式

无人驾驶汽车已经走出实验室，尤其是虚拟现实改变了民众的娱乐方式。体育赛事直播也让观众在电视机前看到360度全景，体验身临其境的感觉。在现场戴上“眼镜”，进入海洋模式，瞬间从冰冷的寒地切换到温暖的海洋。裸眼3D技术将丰富未来的娱乐方式，你可以在家漫游世界。随着虚拟现实的沉浸式体验、全方位丰富的服务、虚实结合、互联网基因的无处不在的渗透，相关的生产和需求可能会爆发，互联网与社会生活的共鸣和互动会更加强烈。互联网在改变人们生活方式的同时，人们的新需求也在不断催生新的互联网技术和文化。

中国很多制造企业正在加速转型升级，“机器换人”就是一个重要标志。未来五年，机器人的功能将更加丰富。除了从事机械工作的工业机器人，智能和技术水平更高的机器人将成为与人类有更多交流的伙伴。例如，微软除了已推出的“微软小冰”外，又带来了“微软小娜”个人智能助理，它“能够了解用户的喜好和习惯”，“帮助用户进行日程安排、问题回答等”。可以说人类的新机器人伙伴正在走近日常生活。

（八）虚拟现实新的应用形式：梦想成真，让你成为任何人

由于各种虚拟现实设备的高速发展，其中以Oculus Rift头戴显示器为首，为人们呈现了各种虚拟现实体验：游戏、3D建模设计、互动影视观赏，直到现在的“交换身体”体验。将来用户可以体验到虚拟现实新的应用形式：让你成为任何人。通过这种方式的“远程呈现”，可以让更多用户在不同的地点实现角度互换的虚拟人生体验，从而促进人与人之间的沟通，产

生更多共鸣、解决矛盾。例如，让残障人士体验正常的人生、增加生活信心；在不同人种之间虚拟互换，消除种族歧视；一生中的遗憾是没有成为歌手或是电影明星，现在你可以做一个更真实的“梦”……实现真正的“虚拟人生”。

二、未来的应用服务，虚拟现实是“刚需”

（一）虚拟现实提供九种新的交互方式

在世界范围内，虚拟现实早已渗透到传统行业。虚拟现实被很多业内人士认为是下一个时代的交互方式。虚拟现实交互还在探索和研究中，与各种高科技的结合将使虚拟现实交互产生无限可能。虚拟现实没有通用的交互手段，交互比平面图形更丰富。以下总结了虚拟现实的九种交互方式及其发展现状。

1. 用“眼球追踪”实现交互

眼球追踪技术被大多数虚拟现实从业者认为是解决虚拟现实中头盔眩晕问题的重要技术突破。眼球追踪技术是“虚拟现实的心脏”，因为它可以通过检测人眼的位置，为当前视角提供最佳的3D效果，使虚拟现实头显呈现的图像更加自然，延迟更少，可以大大增加可玩性。同时，由于眼球追踪技术可以知道人眼的真实注视点，因此可以得到虚拟物体上视点位置的景深。眼球追踪技术绝对值得从业者密切关注。然而，尽管许多公司都在研究眼球追踪技术，但没有一个解决方案令人满意。

在业内人士看来，虽然眼球追踪技术在虚拟现实中有一定的局限性，但其可行性还是比较高的，比如外接电源，把虚拟现实的结构设计做得更大。而更大的挑战是通过调整图像来适应眼球运动，而这些图像调整算法目前还是空白。

2. 用“动作捕捉”实现交互

动作捕捉系统可以让用户获得完整的沉浸感，真正“进入”虚拟世界。市面上的动作捕捉设备只会用在某些超重的场景中，因为它们有着固有的使用门槛，需要用户长时间佩戴校准后才能使用。相比之下，Kinect 等光学设备可能用在一些对精度要求不高的场景中。全身动作捕捉在很多场合并不是必须的，其交互设计的一大痛点就是没有反馈，用户很难感受到自己的操作是有效的。

3. 用“肌电”模拟实现交互

用肌肉电刺激来模拟真实感受，有很多问题需要克服，因为神经通道是一个精细复杂的结构，不可能从外部皮肤刺激。目前的生物技术水平还不能用肌肉电刺激来高度模拟实际感觉。即使这样，能达到的只是一种粗糙的感觉，对于追求沉浸感的虚拟现实来说用处不大。

有一个虚拟现实拳击设备，是利用肌电模拟实现交互。具体来说，Impacto 设备的一部分是振动电机，可以产生震动感，在游戏手柄中可以体验到；另一部分是肌肉电刺激系统，通过电流刺激肌肉收缩。两者的结合让人误以为自己在游戏中击中了对手，这个装置会在恰当的时

候产生类似真实拳击的“震撼感”。

4. 用“触觉反馈”实现交互

触觉反馈主要是按键和震动反馈，大多是通过虚拟现实手柄来实现。显然，这种高度专业化/简化的交互设备的优势在于，可以在游戏等应用中非常自由地使用，但无法适应更广泛的应用场景。三大 VR 头显厂商 Ocuius、Sony、HTC Valve 都采用了 VR 手柄作为标准交互方式：双手分离，六自由度空间追踪，一个带有按键和振动反馈的手柄。这样的设备显然是用于一些高度专业化的游戏应用（以及轻消费应用），也可以看作是一种商业策略，因为虚拟现实的早期消费者应该基本都是游戏玩家。

5. 用“语音”实现交互

虚拟现实用户并不关注视觉中心的指令，而是环顾四周，不断发现和探索。一些图形指令会干扰他们沉浸在虚拟现实中。最好的办法就是用声音，不干扰周围的世界。这个时候，如果用户与虚拟现实世界进行交互，就会更加自然，而且无处不在。用户不需要动脑袋找，可以在任何方向、任何角落进行交流。

6. 用“方向追踪”实现交互

方向追踪可以用来控制用户在虚拟现实中的方向。但是，如果使用方向跟踪，空间在许多情况下可能是有限的，跟踪和调整方向很可能是不可能的。交互设计师给出了解决方案——按下鼠标右键可以将方向返回到原来的正面方向或者重置当前的注视方向，或者通过摇杆调整方向或者按下按钮返回到初始位置。但问题依然存在，有可能是用户疲劳，舒适度减弱。

7. 用“真实场地”实现交互

超重型互动虚拟现实主题公园 The Void 采用的就是这种方式，即创造一个可自由移动的真实场地，与虚拟世界的墙壁、屏障、边界完全一致。这个真实的场地，通过精心规划关卡和场景设计，可以给用户带来各种外设无法带来的良好体验。在物理世界上构建虚拟世界，可以让用户感受到周围的物体，使用真实的道具，如手提灯、剑、枪等，被中国媒体称为“地表最强娱乐设施”。缺点是规模和投资较大，只能应用于特定的虚拟场景，在场景应用的普适性上受到限制。

8. 用“手势跟踪”实现交互

光学跟踪的优点是门槛低，场景灵活，用户不需要穿脱手中的设备。手势追踪有两种方式，各有利弊：一是光学追踪；二是数据手套。

在未来，将光学跟踪直接集成在移动虚拟现实头显上作为移动场景的交互方式是可行的。但它的缺点是视野有限，需要用户大脑和体力的交互。使用手势追踪会很累，很直观，而且没有反馈。

数据手套的优点是没有视野限制，反馈机制（如振动、按钮和触摸）可以集成在设备上。

它的缺点在于使用门槛高：用户需要穿上和脱下设备，作为外设，它的使用场景还是有限的。

9. 用“传感器”实现交互

传感器可以帮助人们与多维虚拟现实信息环境进行自然交互。比如人在进入虚拟世界的时候不仅想坐在那里，还想在虚拟世界里走来走去，这些基本都是由设备中的各种传感器产生的，比如智能感应环、温度传感器、光敏传感器、压力传感器、视觉传感器等。可以通过脉冲电流使皮肤产生相应的感觉，或者将游戏中的触觉、嗅觉等各种感觉传输到大脑。现有的使用传感器设备的经验较少，需要在技术上有很多突破。

虚拟现实是交互方式的新革命，人们正在实现交互方式从界面到空间的转变。多通道交互将是未来虚拟现实时代的主流交互形式。虚拟现实交互的输入方式还没有统一，市面上的各种交互设备仍然存在各自的缺点。

虚拟现实作为一种可以“欺骗”大脑的终极技术，在短时间内发展迅速，已经广泛应用于医学、军事、航天、室内设计、工业设计、房地产开发、文物保护等领域。随着多人虚拟现实互动游戏的介入和玩家跟踪技术的发展，虚拟现实拉近了人与人之间的距离。这种距离不再仅仅是借助互联网达到人与人之间互动的目的，而是从物理感知上缩小空间上的距离。

（二）虚拟现实将改变你眼中的世界和影响人心

虚拟现实技术在特定场景下的人机交互还有很多可供挖掘的。Oculus 虚拟现实刚出来的时候，我们纯粹把它当成一个颠覆性的游戏和电影设备；后来我逐渐意识到，虚拟现实技术在特定场景下的人机交互还有很多值得探索的地方，远不止游戏和电影，在教育和制作方面也有广阔的发展前景。

虚拟现实技术正在重塑一个世界。在早期很难看到这种技术力量的全貌，但我们已经看到这个庞然大物的一条腿。我们意识到，虚拟现实的真正力量不是对外界的逼真模仿，而是通过这种模仿对人们心灵巨大影响。

虚拟现实带给人类的是一种在现实中以极低的成本获得的可能或不可能的体验，而这种体验无论从视觉还是听觉上几乎都可以与真实相混淆。关键是视觉和听觉是人类感知的主要手段。在这个虚拟世界中的经历会像人们在现实世界中经历的一样，对主角产生直接的内在影响。就像《盗梦空间》一样，把什么东西植入别人的思想，是最可怕的力量。

如果未来人类能够将思想连接到互联网上，实现完全的数字化生存，那么现在的虚拟现实技术就是将现实世界虚拟化后放在你的眼前。你的身体还在，但现实世界已经数字化了。也许虚拟现实是第一步。毕竟，将外部世界虚拟化会比虚拟化的想法更容易。

（三）虚拟现实将成为应用的刚需

虚拟现实推广应用到一定程度，将影响到每个人的物质生活甚至精神生活，人们对它的依赖会越来越强，因此虚拟现实将成为人们应用的刚需。未来服务行业、教育行业中运用的虚拟现实应用会如雨后春笋般涌现出来。虚拟现实逐渐成为主流，包括谷歌和 Facehook 在内的教育和服务技术领域的一些主要参与者已经在为智能服务、智慧教室寻求新的应用场景。

例如，虚拟实地考察已成为虚拟现实技术最受欢迎的学习应用之一，房地产、旅游业、学校已经开始使用 Google Expeditions 将学生“运送”到遥远甚至地球上无法进入的地方进行虚拟实地考察。Google Expedition 应用程序可以在 iOS 或 Android 上免费下载，用户可以投资一些连接到智能手机的低成本纸板耳机。通过这些简单的耳机，用户可以积极探索从马丘比丘到外太空或深海的任何地方。

学习一门新语言的最佳方法之一就是全身心投入，最好是学生每天都倾听和讲他们正在学习的语言，最好就是长时间待在国外。由于我们大多数人都无法承受几个星期甚至几个月一次飞往另一个国家，所以虚拟沉浸是一个好工具，它能够生成你所需要的语言学习环境。现在正在开发的一些使用虚拟现实的新语言学习应用程序，通过虚拟现实的模拟可以诱使大脑认为体验是真实的。应用程序“Unimersiv”可以与 Ocuhis Rift 耳机一起使用。该应用程序允许学习者与来自世界各地的人联系，在与虚拟世界中的其他学生互动时练习他们的语言技能。

虚拟现实模拟还可以帮助学生学习实用技能，以这种方式培训人员的好处之一是，学生可以从现实场景中学习，而不会有在不受控制的现实生活中练习陌生技能的风险。Google 的 Daydream 实验室进行的一项实验发现，获得虚拟现实培训的人比那些仅仅参加视频教程的人学得更快、更好。

虚拟现实技术是激发学生创造力并使他们参与的好方法，特别是在建筑和设计方面。德鲁里大学哈蒙斯建筑学院的学者一直在研究如何在他的领域应用虚拟现实技术，并相信虚拟现实技术将在建筑设计中开辟无数的可能性。

虚拟现实技术有可能极大地加强团队之间的协作，包括远程协作和培训。研究表明，虚拟现实和增强现实模拟可以提高学习动力，改善协作和知识建构。在名为“第二人生”的虚拟世界中进行的一项研究允许用户在出国前设计、创建和使用协作活动，以便向交换生介绍他国语言和文化。学生们在关键点的应用和表现有很大进步，包括在练习语言技能时减少了尴尬，以及学生之间有更好的社交互动。

第二节　虚拟现实技术的创新创业机会

2016年后，虚拟现实、增强现实技术及相关新兴产品逐渐从前沿科技领域走向大众视野。各方迫切需要一个权威的跨界平台，聚集所有企业、资源、人才，共同解决行业面临的技术、标准、政策等问题。在此背景下，中国虚拟现实与增强现实娱乐产业联盟（VR EIA）由韩伟文化、微软、索尼、三星、英伟达、EPIC、盛大集团、暴风魔镜、乐视虚拟现实等十余家国际知名虚拟现实与增强现实娱乐企业成立。

在未来，戴上眼镜可能会让你进入一个虚拟世界，这也是虚拟现实技术创新创业的机会。虚拟现实和增强现实作为继PC和智能手机之后的又一重要应用平台，已经进入快速发展的新阶段。随着虚拟现实、增强现实技术和应用的迅速扩展，虚拟现实和增强现实的娱乐产业日益成为人们关注的焦点。

增强现实（Augmented reality），通过计算机技术，将虚拟信息应用于现实世界，将现实环境和虚拟物体实时叠加在同一画面或空间上。虚拟现实和增强现实的主要应用领域是视频游戏、现场活动、视频娱乐、医疗保健、房地产、零售、教育、工程和军事。据高盛分析师称，虚拟现实和增强现实有潜力成为下一个重要的计算平台，就像个人电脑和智能手机一样，并可能像个人电脑的出现一样成为游戏规则的颠覆者。

作为世界前沿技术，很多嗅觉灵敏的开发者和大平台已经开始布局，每个人都会同时有两种心情。第一个是很兴奋，他们拿到了前沿领域的投资，准备开始大展拳脚；第二个是虚拟现实领域没有一个绝对成熟的商业模式可供开发者借鉴，这样会对未来产生很多困惑。乐视虚拟现实垂直布局旅游、音乐、游戏、电影等领域，努力构建完整的虚拟现实开放生态。

另一方面，内容可能会成为新创业者的一个小切口。虚拟现实不同于大数据，大数据的投资门槛太高，但普通创业者可以参与虚拟现实的内容。相对于云计算、大数据等，虚拟现实和增强现实的入门门槛没有那么高，更受普通科技创业者的青睐。而虚拟现实、增强现实等领域尚未形成成熟的生态，在硬件、软件、平台、系统等方面不可避免地存在一些“陷阱”，发展会有一些起伏。初创企业仍有市场潜力涉足以内容为小切口的虚拟现实和增强现实领域，未来大有弯道超车之势。国内外很多大企业都在布局虚拟现实和增强现实，所以硬件和软件都被几大巨头占领了。创业者瞄准硬件会很难，需要很大的成本和投入。

国内早期创业者的机会是虚拟现实内容。虚拟现实和增强现实市场对内容的需求会非常大，未来在很多领域会有很多新的投资或者创业机会。首先是开发工具。整个虚拟现实和增强现实行业的软件工具开发方式有很多，其中蕴含着巨大的机会。同时整个虚拟现实和增强现实的数据和传输都是巨大的，对整个基础设施的要求也会提高。大数据和各种数据的收集、汇总和分

析也成为创业发展的新契机。

一、虚拟现实结合设计思维

计算机技术、虚拟现实技术为主并集多种技术为一体的先进技术开始在创造性活动中发挥作用，在众多领域都起到了重要作用。研究如何将虚拟现实技术引入文化、艺术、产品设计中，有着十分重要的现实意义。

（一）文化创意创业

虚拟现实技术作为数字技术中神奇的科技成果之一，为艺术家提供了这种自由的手段，同时也为拓展艺术家的创造力和认识论视野打开了一个额外的维度：它打破了艺术实践以往的经验模式，在它所创造的世界中，任何一种信息和任何构成其原本存在的物质因素都可以变成可控的电子“可变值”。可以说，艺术的发展总是平等地反映着技术进步带来的变化。

借助虚拟现实、增强现实等技术思路，艺术家可以用更自然的人机交互来控制作品的形式，创造更具沉浸感的艺术环境，创造现实中无法实现或难以实现的艺术梦想，赋予创作过程新的意义。例如，具有虚拟现实性质的交互装置系统可以为观众搭建跨越多种感官的交互通道和跨越装置的过程，艺术家可以借助软硬件的流畅配合，促进参与者与作品之间的交流和反馈，创造良好的参与感和可操作性；通过视频界面捕捉动作，存储来访者的行为片段，在保持参与者意识增强的基础上，同步展现增强效果和重塑处理后的图像；通过增强现实、混合现实等形式将数字世界与现实世界结合起来。观众可以通过自己的动作控制投射的文字，比如数据手套，可以提供力反馈。可移动的场景和 360 度旋转的球体空间，不仅增强了作品的沉浸感，还能让观众进入作品内部，甚至操纵它，观察它的运动过程，参与再创作的过程。

在创作过程中，加强设计素描和写意素描的训练，是设计师成功的必由之路。人们不断地通过眼睛和大脑将事物形象化，并转化为视觉形象和图形形象，再通过写意使视觉形象跃然纸上；画面中勾勒出的形象通过眼睛的“看见”反馈到大脑，进一步刺激大脑重新思考和再创造。在这样的循环中，最初模糊的设计形象和创作思路逐渐清晰、深入、完善。这就是艺术创作的有机过程：“观察—发现—思考—创作”，也就是人们常说的“心理地图法”。它是一种形象思维的方法，是一种概念形象的物化过程。这个过程有助于提高观察问题、发现问题、分析问题的能力，进而提高创造性思维能力和综合设计素养，让设计师产生更多新的想法和创意。这些基于“动手”能力和创造力的过程是基础设计教学中“设计素描”教学的主要内容。用线条、明暗、图像、符号、颜色等图形元素，把大脑的想法、灵感、观念、信息等零散的元素组合起来，以视觉图像的形式反映出来，从而成为一个心理图形。设计素描教学中的徒手训练正是这种形象化的思维体现，是视觉思维能力、想象创造能力和绘画表达能力的综合。在训练过程中，注重观察、发现和思考，通过动手动脑，有效提高和发展创造性思维能力。纵观国内外众多优秀设计师的成功，都得益于此，他们都有着优秀的徒手表达和评价能力。

虚拟现实设计系统可以模拟各种建筑物、桥梁、隧道、水域、植被绿化等道路环境，还可以模拟早晨、中午、黄昏、雾、雨、雪等各种天气环境，形成高质量的艺术效果和高质量的渲染技术。还可以使用多通道环屏（立体）投影系统，将多台投影仪组合成多通道大屏幕显示器，比普通标准投影系统具有更大的显示尺寸、更宽的视野、更多的显示内容、更高的显示分辨率和更具冲击力和沉浸感的视觉效果。

（二）艺术、产品设计

在虚拟现实越来越普及的时代，各行各业都在争相加入虚拟现实行业。设计师们也逐渐参与到这场盛宴中，因为虚拟现实和艺术设计的结合是完美的。

虚拟现实最大的特点之一就是全景操作。谷歌开发的绘画软件“Tilt Brush”要求设计师戴上虚拟现实眼镜，在太空中自由创作。以前设计师都是用铅笔、橡皮、三角尺在办公桌上画图，效率不高。后来坐在办公室里，用电脑里的软件辅助绘图，没日没夜地对着电脑屏幕。之后，就有可能在虚拟现实中进行创作。届时，设计师可以戴着虚拟现实设备，用虚拟现实版 PS、AL sketch 等软件在虚拟世界中建模，设计完成后直接发给老板。

虚拟现实技术的应用可以完美地再现室内环境，让人在三维室内空间中自由行走。在业内，可以用虚拟现实技术做室内 360°全景展示、室内漫游、预装修系统。虚拟现实技术还可以根据客户的喜好即时动态改变墙面的颜色，粘贴不同材质的壁纸。地板、瓷砖的颜色、材质也可以随意改变，家具的摆放位置可以移动，可以更换不同的装饰品，所有这些都将在虚拟现实技术下完美呈现。

虚拟现实技术已经融入服装设计中。消费者可以在家里戴上虚拟现实眼镜，通过在线商店尝试选择衣服。消费者可以将自己的身体数据上传给服装设计师，设计师先在虚拟空间中选择和设置面料的参数（重力和风），模拟和仿真人体的动态运动。人们买衣服的时候，可以在家里试穿虚拟衣服后再买，这样就不会出现网购尺码或者款式不理想的情况。

国内有一家在建筑设计领域以虚拟现实技术为切入点的公司——辉煌之城。该公司的架构师将 Sketchup、3Dmax 等主流模型文件一键上传到“Smart+”平台，半小时左右就能得到一个由云引擎自动转化的虚拟现实展示方案。客户可以佩戴虚拟现实头显观看全方位的三维建筑模型。效果图是建筑行业的重要环节之一。如果交互性不足，效果图只能定点渲染，显示的内容非常有限。动画虽然可以在很多方向展示创意，但人们不能参与其中、随意漫游。虚拟现实技术的引入，可以让设计师和客户在设计的场景中自由行走，观察设计效果，完全取代传统的效果图和动画，实现三维漫游。

虚拟现实技术已经在汽车制造中得到应用。在汽车设计阶段，厂商可以利用虚拟现实技术，获得 1 对 1 的仿真感受，对车身数据进行分层处理，设置不同的灯光效果，达到高仿真的目的。然后可以实时动态交互模型，改变配色、轴距、背景、细节特征结构，设计师可以在第一时间看到效果。

虚拟现实技术在艺术设计中的应用，可以弥补环境艺术创作中的不足，减少艺术设计受活动经费、场地、工作设备的限制，从而降低设计成本，及时修改设计，有效进行环境设计的策划，加深工作者对环境艺术设计工作内容的理解和把握。虚拟现实技术辅助环境艺术设计大大提高了艺术创作的效率。利用虚拟现实技术，设计师可以完全打破时间和空间的限制，对各个环节的联系一目了然，从而使整个环境艺术作品得到充分展示。设计师也能及时发现问题，及时修正，有效提高了环境艺术作品的设计效率和质量。

虚拟现实技术利用先进的科学技术使环境艺术创作达到新的高度，环境艺术创作也充分利用了科学技术。两者相辅相成，让科学技术充满了艺术内涵，也让艺术在科学技术的基础上得到更好的发展，让人类的生活更加丰富多彩。艺术设计师不再像以前那样依靠繁琐单一的手段来表达自己的艺术设计思维，虚拟现实技术帮助环境艺术设计师突破传统的束缚，激发艺术设计所蕴含的巨大潜力，为艺术设计打开巨大的发展空间。

二、虚拟现实和公益事业结合带来的创新创业机会

（一）针对自闭症的虚拟现实应用

虚拟现实的应用可以改善人们的生活，让世界变得更卓越，推动和探索技术和社会事业的交汇点。人们可以用设计思维等创新方法论来帮助他们的产品和业务模式的本地化工作，以满足用户的需求。针对自闭症的虚拟现实应用除了 IM，Voice Over，各种机动等功能之外，还提供了三个主要功能：媒体板、幻灯片共享和贴纸帖子。同时要指出，提供的这些功能不能说是很新颖，但 SAP 公司的 CSR 志愿者和 Hao2 本身之间的协作工作是一种崭新的合作模式。这可能会是 SAP 这样的公司和外部合作研发的新途径。

（二）虚拟现实技术应用于消防安全

如今，随着科学技术的快速发展，火灾情况的复杂性逐渐增加，这就要求人们在日常的演练中要以实际为导向，根据实际情况的需要进行有针对性的演练，使演练更加贴近真实现场。虚拟现实技术为人们的模拟训练提供了一个有价值的渠道。虚拟现实技术可以还原真实场景，使模拟环境尽可能逼真，达到和真实演习一样的效果，同时减少人员和资金的投入，一举两得。根据真实场景需要哪些技能，重点演练以增强针对性，使消防员对突发火灾有心理准备，灭火技能应用得心应手。

在以往的火灾现场中，工作人员会遇到很多只有运用专业技术才能成功处理的案件，因为仅凭人的眼睛和思维很难做出判断。这时候就需要人们用先进的科技来帮忙，比如虚拟现实技术。工作人员可以成功地利用虚拟现实技术创造出能够让人信服且有充分科学依据的模型，而虚拟现实技术也可以更完整地分析火灾发生的原因，工作人员基于该技术所使用的一系列先进科技成果，可以更准确地判断起火原因，同时虚拟现实技术还可以为事故提供现场证明。

（三）虚拟现实建筑安全教育系统

虚拟现实建筑安全教育体验系统大大降低了投入演练的时间成本，提高了宣传培训的效果，并且打破空间的限制，方便组织人员随时随地进行建筑安全培训，让体验者能沉浸式体验建筑安全区的每个项目，还可以开展消防安全、地震安全、交通安全、公共安全、校园安全、工业安全、建筑安全等安全教育。虚拟现实安全体验馆作为一种新型的安全教育方式，打破了传统

的被动培训，让工人感受施工过程中可能出现的各种危险场景，从而亲身感受违章作业带来的危险后果，主动掌握安全操作技能，提高安全意识，进一步提高施工质量。变以前的“说教式”教育创新为“体验式”教育，更能体现以人为本、安全发展的理念，完成最安全的“危险”教育课程。

虚拟现实安全体验系统内容包括新手指导营、安全事故体验区、虚拟现实交互式安全体验区等。

（四）虚拟现实与地铁防灾决策系统

地铁的运输量将大幅增加，地铁乘客的人员构成比较复杂，如何降低灾害的发生和减少灾害发生后的损失是一个重要的课题。

虚拟现实与地铁防灾决策系统重点研究地铁内部易发灾害的部位，研究灾害发生后的扩散，研究灾害情况下的疏散。它为救灾提供科学依据，为救援行动提供辅助决策支持，为救灾训练提供手段。

地铁防灾虚拟现实决策系统针对现有地铁防火规范及其他相关应急实验数据多来自演练和事件调查，结果难以反映真实情况的问题，借助计算机工具，实现了地铁防火的模拟。根据地铁火灾的特点，通过对地铁火灾烟气流动特性和人员逃生特性的研究，结合虚拟现实系统强大的用户交互功能，建立地铁消防预案制定平台和用户平台，实现地铁火灾预防的模拟。

预案的应用部分包括地铁及附近场所的基本信息（单位简介、周边情况、建筑布局、疏散路线、消防设施、重点部位、消防力量、联动力量、消防组织）、灾害选择、灾情评估、力量编制、二维部署、三维部署、二维供水、三维供水、动态演示等，还可以模拟计算不同地点、不同类型的火灾。同时研究了人员的逃生特征和逃生模块，建立了地铁火灾数据库，最终实现实时、准确、真实地模拟不同的火灾情况。虚拟事件处理，可以根据灾情部署人员疏散行动的三维虚拟演练。

（五）虚拟现实在医疗领域的实践

许多虚拟现实技术已经应用于临床实践。当然，随着虚拟现实技术的不断发展，这些方法也在不断发展和完善。下面是几个已经应用到实践中的案例。

1. 暴露疗法

暴露疗法是治疗恐惧症的方法之一。利用虚拟现实技术为患者创造可控的模拟环境，让患者打破逃避心理，直面恐惧，甚至练习应对策略。所有这些都归功于虚拟现实技术的应用。模拟世界是私人设定的，安全的，可以轻易停止或重复。

2. 治疗创伤后应激障碍

与暴露疗法类似，虚拟现实也可以用于治疗士兵的创伤后应激障碍（PTSD）。诊所和医院利用虚拟现实技术模拟战争，帮助退伍军人反复经历创伤性事件。在安全可控的虚拟环境中，他们可以学习如何处理危机，从而避免危险，保护自己和他人。

3. 止痛治疗

疼痛是烧伤患者不得不面对的问题。医生希望通过虚拟现实分散患者的注意力，利用注意力分散疗法帮助他们应对疼痛。华盛顿大学推出了一款虚拟现实视频游戏《冰雪世界》。在游戏中，患者可以向企鹅扔雪球，听保罗・西蒙的音乐，以减轻治疗过程中的疼痛，如伤口护理和物理治疗。

4. 外科培训

当外科医生接受培训时，他们通常要处理尸体。他们在接手重要任务或在作战中发挥更大作用之前，都要经历一个逐步积累经验的训练过程。虚拟现实技术可以通过虚拟手术现场模拟手术过程，对真实患者没有任何风险。

5. 幻肢疼痛

幻肢疼痛是失去肢体的病人常见的医学问题。比如有些没有手臂的人会觉得自己一直紧握着拳头，无法放松，很多幻肢疼痛比这更难以忍受。过去，镜像疗法常被用来解决幻肢疼痛问题，让患者看到自己健康肢体的镜像，使大脑与真实肢体运动和幻肢运动同步，从而缓解幻肢疼痛。

6. 对患有自闭症的年轻人进行社会认知训练

使用脑成像和脑电波监控技术，虚拟化身方法用于将儿童置于工作面试和社交情境中。这样可以帮助他们了解一些社会情况，让他们的情感表达更容易被社会接受，更好地融入社会。通过对参与者的大脑扫描发现，完成训练计划后，与社会理解能力相关的大脑活动区的活力有所提高。

7. 冥想

冥想是治疗普遍焦虑的方法之一。OculusRifl 的应用程序“DEEP”旨在帮助用户学习如何进行冥想式深呼吸。虚拟现实体验就像置身于水下世界。它利用附在胸部的环来检测呼吸，通过呼吸，体验者可以从一个地方到另一个地方。呼吸是游戏唯一可控的变量，也是决定性的点。游戏的另一个好处是扩大了体验者的范围，每个人都可以呼吸，不知道操纵杆或控制器的人也可以体验。

8. 眼弹钢琴

耳机制造商 Fove 集资创建了一个称为“眼弹钢琴”的虚拟现实应用程序，利用耳机的眼动跟踪技术让身体有障碍的孩子用眼睛来弹钢琴。

（六）虚拟现实应用数据分析

随着内容的开发，越来越多的用户被各种体验吸引。因为它是一个相对较新的平台，内容开发公司将面临几个挑战，有些是由于该技术的新生性质，而其他的则与传统游戏和虚拟现实游戏体验之间的显著差异有关。

首先最重要的是，内容开发者负担不起奢侈的长周期开发。策略是先推出一个体面的产品，然后在消费者反馈的基础上进行改进。如果你致力于长周期开发，为内容预测用户的每一个需求，那么你将面临失去市场认可和收入确认的风险。

为了做出最佳决策，开发者总是在寻找能给自己提供有洞察力信息的分析。例如，如何通过大量“凝视数据”理解用户参与并且抓对重点。在虚拟现实中，视觉通知可能会被忽视。捕捉这种类型的设计缺陷，其他虚拟现实设计问题已经很难分析。虽然在这个平台上测试很难进行，但它将发挥非常重要的作用，推进虚拟现实发展。

三、从学术到虚拟现实技术创业

在虚拟现实元年，涌入该行业创业的人数不胜数，但真正掌握核心技术的人不是很多，因为获取独创的核心技术需要较长时间，而且需要长期专注于一个领域的研究。

“叠境数字”主要专注于光场采集和成像技术的研究和产品化，为优质的虚拟现实和增强现实内容制作提供一套完整的光场解决方案。市面上主要有两类虚拟现实和增强现实的内容：一类是用计算机建模软件和 CG 的方式制作，具有立体感和沉浸感，但画面不真实；另一类是拍摄的普通 360° 全景视频和图片，画面真实，但缺少立体感和沉浸感，也无法产生真实的互动。这两类内容的虚拟现实、增强现实体验都不太好，而他们的光场技术能完美地解决这个问题，既有立体感和沉浸感，又保留了画面的真实，真正还原现实中人眼所见的场景。目前已经推出了专业高清的光场采集和处理系统以及解决方案，在虚拟现实和增强现实的影视、购物、直播、教育、医疗、展览展示方面已经开始内容的制作和相关的合作。针对 C 端的用户，也将光场相关的采集和显示技术同各硬件品牌厂商合作，以技术授权和合作开发等方式共同推出光场类的虚拟现实和增强现实头盔、光场摄像机等消费类电子产品，使消费者可以自己拍摄和享受优质的虚拟现实和增强现实内容。与此同时，建立虚拟现实和增强现实的内容平台，以 B 端的 3603D 直播、光场拍摄系统、内容解决方案和 C 端的光场头盔、光场摄像机作为切入点，围绕虚拟现实和增强现实内容平台，不断丰富和分发优质的虚拟现实和增强现实内容，打造一个完整的“光场虚拟现实和增强现实生态链”。

从学术角度看，虚拟现实和增强现实行业的发展还处于初级阶段。虽然有大量的虚拟现实和增强现实设备出现在市场上，像 Facebook、HTC、微软、索尼这样的大公司也都相继推出了自己的产品，但是效果距离真正希望看到的虚拟现实还有一些差距。从技术层面看，虚拟现实和增强现实的发展有两个问题需要解决：一个是内容的产生，另一个是价格。很多头盔设备实际上做得已经很不错了，但是只有设备还不行，需要有大量的成熟而有意思的内容才能向用户普及虚拟现实和增强现实的概念。光场虚拟现实技术的研究就是为了产生逼真效果的虚拟现实和增强现实内容。另一个问题是价格，各种虚拟现实头盔和增强现实眼镜的价格和消费者的预期相比还是较高，随着技术的发展和资本的投入，虚拟现实和增强现实距离真正的大规模商业化就不远了。

创新创业除了核心技术之外，管理和运营也很重要，从学术研究到创新创业之间，可能会遇到一系列困难。学术研究和创新创业确实是两件不同的事情，学术研究关注的重点是怎么攻破一个又一个的技术难题，但创新创业不只是解决技术难题，更多的是要知道市场和用户的真正需求在哪里，把握市场的脉络，将先进技术变成用户真正需要的产品，在这方面也要一直花大力气摸索和尝试。

个人拥有的计算平台从最开始的台式计算机，慢慢发展为笔记本计算机，到智能手机和平板电脑已经非常普及，几乎人人都有一台智能手机，深入人们生活的方方面面。人机交互的方式也从键盘鼠标这样的设备，慢慢转变为手势操作、语音输入等。虚拟现实则会彻底改变人们与计算机的交互方式和交互效果。虚拟现实能够给人们带来沉浸式的体验，人们可以和虚拟世界中的物体进行互动，就像日常生活的方式一样；还可以和处在同一个虚拟世界中的另一个人进行交互，形成一个虚拟的交互空间；也可以把虚拟的世界叠加到真实的世界，形成增强现实，或者把真实的物体放入虚拟的环境，形成混合现实。这一切将会改变人机交互的方式，未来虚拟现实将会发展成为一种新的、主流的计算机平台。

四、虚拟现实改变创业理念

网络内容创业者 Amy 顺利拿到了青岛高新区第一家虚拟工作室营业执照，这是虚拟现实创业区别于传统创业理念的一个重要标志。

作为经济发展的新业态、新模式，网络内容创业者虚拟工作室注册在高新区并在高新区缴纳税收，而具体经营地点分散在全国各地，具有创新能力强、营业收入高、占用资源低、产生效益高等特点。网络内容创业者落户有助于高新区加快新旧动能转换、培育新的经济增长点，并对高新区的文化创意产业发展起到带动作用。

BBC 也是在虚拟现实的影响下改变创业理念，专门成立了虚拟现实制作工作室“BBC 虚拟现实 Hub”，新的部门将与 BBC 节目制作人和数字专家紧密合作，将在未来创建不同类型的虚拟现实内容。研究显示，如果高质量的内容一直很少，虚拟现实的体验一直很烦琐，那么主流观众是不会使用虚拟现实的。虚拟现实制作工作室有巨大的发展空间，要关注一小部分拥有广泛、主流影响力的作品，目标是着力打造具有较高影响力和广泛吸引力的节目，不求最多，但求精良。

例如，虚拟现实纪录片《筑坝尼罗河》向观众讲述了这个颇具争议的水利项目。在这部新闻纪录片中，观众既可以鸟瞰尼罗河的现状，又能看到该拟建基础设施逼真的效果图及其对周围环境的影响。虚拟现实工作室将沉浸式感受和引人入胜的画面融为一体，新的讲述方式配以相关的地理环境和视角，让观众正确理解其中的原因，成功地解决了“筑坝尼罗河”这一有争议的难题。虚拟现实工作室知道剪辑、创意与技术是密不可分的，需要一个多学科团队，所有人都有能力将技术与创意完美结合。

无论多么优秀的创意或者创业点子，都需要另一个东西的帮助，那就是时机。有人说比错误更糟糕的，就是没有把握好时机，过早地出现。虚拟现实就是为许多行业应用和创业提供了很好的理念和创业时机。

下面简单介绍虚拟现实技术在心理学、教育、娱乐等方面的应用，从中应该可以发现创业机会和创新理念。

（一）强化凝视

虚拟现实的魅力在于，用户可以通过电脑在每个学生的显示屏上显示虚拟头像，可以和每个学生有眼神交流，感觉他们一直在盯着自己看。对数百名学习者的实验结果表明，如果一个学生认为他一直是老师眼中的焦点，他就会听得更认真，他的成绩也会相应提高。

（二）动作和相貌模仿

心理学家认为，一个人的受欢迎程度与其模仿能力成正比。比如面试的时候，模仿面试官的姿势和动作，对方会更喜欢你。如果我想模仿你，只能选择其中一个来模仿，而虚拟现实可以改变这种情况。创建一个老师的虚拟镜像，计算机会根据每个学生的动作，创建一个与学生的外貌和行为更相似的老师，让学生感受到老师与自己相似，学生会听得更认真。同样，人们也更喜欢和自己长得更像的人。

（三）身份的转变

一个人走近一面虚拟的镜子，看到了自己的化身，发现镜子里的自己是一个白皮肤的人。突然有人按下了按钮，镜子里的影像变成了一个皮肤黝黑的女人。这种虚拟化身和本体的不一致会对他产生什么影响？我们知道有一句话叫“设身处地”，如果你和某人有相似的感觉，你“感同身受”的心理反应会更强烈。

（四）美丽的化身

社会心理学家发现，漂亮迷人的女孩通常自信、外向，求职成功率更高。在虚拟现实中，美触手可及，每个人都可以有一个完美的化身。当你的头像是美女的时候，你和别人交流的时候会站在比较近的地方。另外，你的说话方式，你的语音语调，你对词汇的选择都会因为你的头像而改变。漂亮的头像可以激发你的自信。

（五）高大的化身

在现实世界中，一个人的地位通常与收入和信心成正比，这是一个重要的社会含义。在虚拟现实中，一个高大的形象也唾手可得，它甚至会影响你真实的财务状况。

那么这种美和高大的感觉会持续多久呢？有些人摘掉头戴式设备回归现实后，虚拟现实还会继续对他们产生影响。头像漂亮的女生在现实生活中会更积极地参与各种社交活动，头像高大的男性在现实世界中会变得更自信，领导能力也更强。

（六）同理心和利他主义

在虚拟现实中，如果你的头像是视障人士或者残疾人，你会经历各种不便，你会更了解这些人的难处。扮演这个角色会增强你的同理心。人们也更愿意在虚拟世界中帮助他人。

（七）环境保护

人类的特定行为所造成的结果无法立刻呈现在人们面前，比如气候变化。但如果用虚拟现实技术进行模拟，无形的东西，比如碳分子，就可以变得有形，给人更直观的感觉。在美国，卫生纸通常是不可回收的。为了降低这类纸张的使用率，做了一个实验，将测试对象分为三组：第一组成员拿到一篇《纽约时报》的文章，讲述伐木的场景；第二组成员在视频上看到了砍树的过程；第三组在虚拟现实中体验砍树的过程。一段时间后，对三组成员进行随访，第三组的用纸量下降了 20%，而另外两组的行为基本保持不变。因此，虚拟现实技术在一定程度上有助于加强人们的环保意识。

（八）养老金产品

虚拟现实技术可以让一个 20 岁的年轻人看到自己衰老后 80 岁的样子。年轻人看到生动的老人形象，就会开始思考如何为将来过上舒适的晚年生活做准备。“脸退休”这个产品也是为了改变人们的观念。

（九）减肥产品

用头像来改变行为，在健康领域也是适用的。肥胖已经成为一种流行病。很多人都知道不运动，饮食不健康的习惯是不对的，但是很难改变。在虚拟现实中，如果你做三次抬腿，你会明显发现你的头像轻了一磅。以前你可能不相信你能做到，但是头像给你的感觉是我只要运动真的能减肥。这就是社会认知理论中的“自我效能”概念。

（十）体验式学习

如何提高学生的学习效率是老师一直在思考的问题，而这种效果可以通过改变老师的虚拟头像来实现。这里讲的是建构主义，即“做中学”。比如今天老师讲物理中的引力章节，让学生在虚拟现实中跳进深坑，真实地体验和感受引力。如果孩子想探索水下动物之间的关系，可以通过虚拟现实创造一个海洋，让孩子在海底游泳，探索水下动物与洋流变化的关系。这种学习经历很棒。

总之，从表面来看，虚拟现实提供的仅仅是一个虚拟空间、一种新的交流和体验媒介，但与别的技术结合之后，就能做到很多以前做不到的事，开拓一片完全不一样的新天地。

五、虚拟现实存在问题也是创新创业的机会

虚拟现实还存在着一些问题，但是这些问题其实正好也是创新创业的机会，如果创业者能够围绕这些问题开展工作，甚至解决了问题，那就一定会打造一片创业空间。具体的问题有以下几方面：

（1）移动性不高，还存在一些技术上的漏洞，比如某些消费者下载完插件、在等待载入产品的过程中跑出去喝了一杯咖啡，然后回来发现计算机出现蓝屏。

（2）虚拟现实和虚拟现实技术还很难说服人们在台式计算机、笔记本式计算机、平板电

脑和智能手机之外，再购买额外的头戴式显示器。

（3）存在延退、显示、安全、医疗隐私和其他方面的挑战。

（4）无线连接和头戴显示器的普及。头盔显示器要想真正起飞，必须解决无线连接的问题。更快的 WiFi 或蜂窝技术连接可以满足头戴显示器所需的大量数据传输，这将是确保头戴显示器大规模普及的重要保障。另一方面，新的压缩技术也可以加快无线连接的传输速度。

（5）晕屏（看屏幕时有恶心、眩晕的感觉）是一直最需要解决的问题，虽然已经改进了很多，但是还是没有彻底解决。

（6）电池技术是确保头戴式显示器移动性的关键。快速充电是一个中长期解决方案。

（7）价格降低是硬件普及的关键因素。

（8）虚拟现实内容不够丰富，而且浏览量极低。一个重要原因就是，消费者浏览时需要下载 JAVA 虚拟机插件。

（9）消费者反映网速不畅导致操作体验很差。每个产品展示的文件包容量大概在几十兆字节甚至数百兆，5G 的到来应该可以解决这个问题。

在虚拟现实行业的内容中，游戏是整个行业中最重要的细分领域，其次是视频。虚拟现实视频还处于基础阶段，但随着技术的发展，全景 3D 必将成为未来视频的主流。以上痛点都是虚拟现实创新创业的重要机遇和突破口。

第三节　虚拟现实技术创业者的特点

一、虚拟现实硬件和基础产品创业者面临的严峻考验

国内虚拟现实创业曾经风靡一时，无数国内虚拟现实创业者一时间如雨后春笋般涌现，撑起了大半个虚拟现实市场。

虚拟现实行业作为一个技术综合型行业，绝大多数硬件厂商都没有技术基础。国内很多虚拟现实创业公司基本都是和几个固定的上游零部件供应商合作，整个行业都在等待高通骁龙芯片的升级，有点类似手机行业。

这种行业现象，一方面导致国内虚拟现实创业公司的硬件研发无法掌控自己的节奏；另一方面，无形中增加了硬件成本。硬件成本高的另一面是内容资源的稀缺。

国内的虚拟现实创业公司有的只是调整手柄大小，有的则采用个性的差异化设计，直接导致游戏的使用习惯不同，Steam 平台上的很多游戏无法操作。另一方面，产品推广也存在作弊现象。虚拟现实沉浸体验最重要的指标——视角，并不是某些公司宣称的 110 度，而只是 90 度以上。这种虚假宣传在虚拟现实行业不在少数，几乎成了整个行业的“潜规则”。

然而，当有限的技术基础建立在一个薄弱的团队身上时，它几乎成为虚拟现实行业的一场灾难。国内一些虚拟现实创业公司以硬件为主，公司有 100 多人，但从事硬件研发的只有五六个人，其中没有专业的虚拟现实研发人员。基本上都是招新人先培训，再运营。于是，一开始被哄着再哄着的投资人都转身离开了，创业公司陷入了技术和资金匮乏的双重瓶颈。

国内虚拟现实创业公司首先要考虑生存下去，生存下去首先要考虑融资，这几乎成了创业公司讲故事的一个正当理由。伴随着这些凭借“讲故事”发家的国内虚拟现实创业公司相继衰落，那些真正依靠技术和创意发展的国内虚拟现实创业公司才能有更加广阔的发展空间。

虚拟现实行业缺乏统一标准。虽然 Coogle 打算在虚拟现实领域再造一个统一的系统平台，但推出日期以及是否会有其他公司购买还是未知数。不同的标准，不同的接口，对开发者来说其实是一个巨大的门槛，一旦选错了技术方向，后果可能会很严重。

巨头不断加入虚拟现实市场，初创企业不断获得融资。这期间会有巨头和初创企业的混战，内容和硬件会胶着在一起。虚拟现实已成为全球企业的下一个战场，但它们仍处于“圈地备战”的状态。

虽然各大企业抢占入口的动作让人嗅到了一点火药味，但正如每一场战争背后都有一个真实的目的一样，虚拟现实战争首先是培育市场，吸引大众眼球。显然，这也是一个痛苦的过程。在虚拟现实的春天到来之前，可能已经有大量的软硬件公司倒闭了。

二、虚拟现实技术应用创新创业需要合纵连横

20 世纪 90 年代，一批游戏公司掀起了虚拟现实设备的热潮。但由于设备本身和行业的限制以及过高的价格，受当时计算能力和设备的影响，这一领域一直默默无闻，在消费领域长期没有建树。应用场景多在企业市场，规模很小。最终，虚拟现实的热潮终于失败了。如今，随着计算机芯片计算能力的快速发展和移动智能终端的普及，虚拟现实领域似乎正在迎来一个重要的转折点。

虚拟现实技术应用，创新创业需要硬件产品的支撑，需要精彩创新的内容，需要良好的行业应用场景，因此需要整合连横，开拓新的发展空间。该领域最广为人知的硬件产品是显示头盔，大致可以分为PC端虚拟现实和移动端虚拟现实。PC端有Oculus Rift、蚂蚁头盔、UCglasses等。在移动端，有谷歌 Cardboard、三星 Gear 虚拟现实、暴风魔镜等。此外，公司涉足内容制作、应用开发、影视制作、游戏开发、周边设备等领域，正在逐步形成完整的产业生态链。

整体来看，大企业大幅加紧布局，小企业加紧精耕细作。谷歌开发虚拟现实版Android系统。微软还发布了虚拟现实技术 Holograms 以及相应的设备 HoloLens，并在推广上不遗余力。所有Windows10 系统都将内置全息图API，微软也将把Xbox游戏移植到HoloLenS VR头戴设备上。此外，索尼公布了用于 PS4 游戏机的虚拟现实耳机“Project Morpheus”，HTC 与游戏公司合作推出了 HTC Vive 头盔，三星与 Oculus Rift 合作提出了 Gear 虚拟现实头盔。国际巨头的这一轮布局，似乎与彼此抢占人口、搭建自己业务平台的意图不谋而合。我国各级政府相继出台多项 VR 虚拟现实相关政策，持续增强对虚拟现实技术研发、产品消费和市场应用的支持力度。虚拟现实行业进入政策红利释放期。虚拟现实产业资本市场稳步复苏，国内外融资缺口较大。AR 开发平台持续发力，“VR+5G”形成典型案例，围绕重大事件的“VR+”应用正在加速。“VR+”虚拟现实应用将以广播电视为主，VR 直播、虚拟课堂培训、VR 内容创作等应用将进一步普及。

巨头们非但没有吓退热情的创业者，反而在一定程度上坚定了他们对虚拟现实技术的信心。创业者可以聚焦虚拟现实产业链，在各个细分领域精耕细作。在国内虚拟现实市场，不同类型的公司都在切入不同的虚拟现实领域。在游戏领域，除了“完美世界”等游戏开发商宣布开发虚拟现实游戏外，还有监督、Nibiru、银河数码娱乐等一大批初创团队。在内容分发领域，有暴风魔镜 App、梦想虚拟现实助手等产品；Virtuix 的 Omni 体感跑步机、蚁视体感枪、诺易腾的全身动作捕捉器也出现在周边设备领域。

这是一个机遇与挑战并存的时代，好的创意正在被一点点挖掘。例如，在 NBA 总决赛中，一个场边座位的价格可以高达 3 万美元，Oculus Rift 和其他虚拟现实制造商正在开发一种可以创造无限座位的技术，以便体育提供商可以出售无限的“相同”场边座位。国内首家将虚拟现实技术应用于咖啡店的平台——“虚拟现实创客体验中心”落户天津北辰区河北工业大学科技园。中心运营团队由多名从欧洲回国创业的高科技人才组成。他们长期致力于利用计算机现代新信息科学技术，以计算机虚拟现实技术将现实空间数字化、多维化、可视化，从而实现智能化应用和智能化管理。虚拟现实创客咖啡体验中心就是将这项技术应用到实践中。在小小的

咖啡厅里，创业者可以体验10多项高科技成果的展示和互动，包括裸眼3D技术、空间投影技术、人机交互技术、投影融合技术、3D建模技术、大数据分析技术、全息投影技术、增强现实技术、本地物联网技术、视觉计算技术、模拟广播技术等。此外，在商业领域，如军事、医疗、航空航天、教育等领域，国内对虚拟现实技术的需求一直存在，并在不断增长。

对于创业者来说，很多时候不去尝试，连失败的机会都没有。在与创业者交流时，你会发现，与20年前的那一波不同，这一波虚拟现实创业在定位和分工上更加清晰和理性。

全球围绕人工智能和虚拟现实的竞争日益激烈，中国在关键技术和产业应用方面取得了突出成就。在虚拟现实领域，“虚拟现实 + 医疗”“虚拟现实 + 教育文化”“虚拟现实 + 广电制造”，大众消费被广泛应用，虚拟现实正在被带入各个行业和寻常百姓家。

三、虚拟现实创新创业大赛大浪淘沙、适者生存

在中国创新创业组委会办公室指导下，中国虚拟现实创新创业大赛由中国电子信息产业发展研究院、虚拟现实产业联盟、郭克创新创业投资有限公司联合举办。虚拟现实是一个综合性很强的产业，涉及光学、脑科学等关键技术，与人工智能等新兴技术的融合，以及B端生产方式和C端消费生活方式的改变。从参赛作品来看，虚拟现实整体水平进步很快，应用前景可观。

大赛对行业发展有两个层面的意义：一是加速了各行各业对虚拟现实和增强现实的认知进程；二是为初创企业提供推广技术、产品和解决方案的渠道，加强与用户、投资者和地方政府的联系，为这些企业的市场拓展打下良好的基础。这届大赛还引入了大小企业对接机制，联合百度、阿里巴巴、华为等企业举办了多场项目对接沙龙。北大首钢医院、北京易华录信息技术有限公司、中国平安保险北京分公司等企业现场发布了项目需求，部分参会企业已与项目发布方成功签约，达到了“大企业带小企业”“以项目争项目”的预期效果。参赛的优秀企业和团队将有机会被推荐到国家中小企业发展基金、中国互联网投资基金设立的子基金等国家投资基金。竞赛合作伙伴还将为获奖企业提供融资担保和融资租赁服务。大赛结合中小企业和创新团队的需求，为中国虚拟现实领域的创新创业者搭建一个展示成果、交流合作、产业共享的平台。

中国的创业公司在虚拟现实和增强现实领域非常活跃。部分技术参数和设计理念已处于世界前列，在交互技术、光场技术、工业应用等领域取得突破。而创业公司在人才引进、资本积累、管理能力等方面普遍存在困难和不足，需要地方政府的引导和投资机构的支持。

虚拟现实和增强现实产业正处于关键的初始阶段。举办中国虚拟现实创新创业大赛，既可以激励这些企业不断创新，使其成为创新的主体，又可以在比赛中发现好的技术、产品和优秀的人才，促进行业良性蓬勃发展。这次大赛将更好地结合政府支持、学术研究和产业实践，最终有效推动虚拟现实产业的发展。大赛将更好地结合政府支持、学术研究和产业实践，最终有效推动虚拟现实产业的发展。中关村虚拟现实产业园以业态调整、服务创新创业为重点，充分发挥“双创”的示范引领作用，掀起全国创新创业新浪潮。

从底层技术来看，参会企业的研究领域涵盖了光波导、建模与成像、跟踪与定向、触觉／机械反馈、智能算法、晕车控制等多个节点。部分参展企业持有数十项甚至数百项专利，在细

分领域的全球竞争中处于领先地位。围绕虚拟现实与人工智能、5G、物联网、云计算等新兴技术的跨界融合，与会企业形成了警用增强现实眼镜、虚拟现实边缘云直播等落地产品，还在脑波交互、视障辅助等前沿领域实现了抢先布局，推动了虚拟现实 / 增强现实从部分沉浸向深度沉浸的转变。

从软硬件创新的角度，与会企业展示了虚拟现实 / 增强现实眼镜、3D 终端、全景相机、追踪交互设备等硬件产品的创新成果，并对光学模组、参考设计、扩展接口进行了优化，解决了大视角与小型化难以实现工艺平衡的问题，使产品逻辑更加清晰，商业化进程加快。软件领域也涌现出虚拟现实课件编辑器、增强现实在线制作平台、头像交互系统等软件作品，很多企业持有软件作品专利。

从应用生态来看，参赛项目涉及医疗服务、工业制造、石油化工、房地产建设、教育培训、文化旅游、广告零售、警务安保、城市管理、游戏应用、影视传媒等领域的虚拟现实方案，部分企业实现营收千万元。同时，与会企业深度挖掘虚拟现实应用场景，推出线下商场增强现实导航、景区虚拟现实自助设备等细分市场，推动虚拟现实普及。

中国 2 亿元专项创投基金，100 家投资机构，政府服务政策，创业公社专项服务包，都在寻找各行业精英。中关村虚拟现实产业园以业态调整、服务创新创业为重点，充分发挥“双创”的示范引领作用，掀起全国创新创业新浪潮。

总之，中国虚拟现实创新创业大赛坚持“政府引导、公益支持、市场机制”的原则，搭建虚拟现实产业共享平台，建立和完善虚拟现实标准体系，汇聚社会力量支持虚拟现实领域中小企业和团队创新创业，支持中国虚拟现实产业健康有序发展。

四、来自虚拟现实创业者的声音

一些游戏视觉公司的创业者认为体验是核心。如果不是从体验出发，可能只会被第一波尝鲜者买走。当人们尝试，失望，认为虚拟现实就是这样或者误解它的时候，他们可能已经毁了自己的未来。从游戏内容来看，人物比例、身高、移动速度、场景大小、交互方式甚至场景颜色都会从根本上影响用户体验。

虚拟现实是一个机会，可以和各种行业结合，轻松跨越时空维度。当虚拟现实技术突飞猛进的时候，你所做的一切都是从零达到一的过程，就像创造了一个新世界。

公司自己有时候也很迷茫方向的选择，因为大部分人在有限的资源下只能选择一个方向进行深度运营。如果一开始就选择虚拟现实，可能会直接面对巨头的竞争。

虚拟现实领域的硬件将首先进入“战国时代”。在产品和运营上没有很大亮点和实力的硬件团队，会被市场挤压。内容开发方面，前期比拼的是创意和执行力。在虚拟现实用户数达到 1000 万之前，内容开发创业者将有更多的空间发挥自己的创造力，从而扩大自己的品牌，培养自己的用户群体。未来，预计虚拟现实相关的可穿戴硬件会更好更便宜，让虚拟现实真正走进千家万户，成为一个堪比移动终端的大平台。

创业者最大的担心可能是用户没有机会真正接触到好的虚拟现实体验。虚拟现实体验无法用语言描述，沉浸感的魔力无法用数据定量分析。如果在市场初期，用户因为没有接触到虚拟现实体验而放弃购买意向，甚至因为体验了不好的虚拟现实而留下不好的第一印象，那么重新培育这个市场将会非常困难。

五、虚拟现实行业创业者的素质要求

伴随着虚拟现实行业的不断发展，越来越多的虚拟现实创业者开始活跃在行业内。但是很多虚拟现实创业者由于一些重要素质的缺失，使自己的产品很难受到消费者的青睐。那么，虚拟现实创业者需要哪些重要素质？

（一）构思

如今的技术日新月异，用户设计（UX）变得非常重要。虚拟现实创业者要保证用户的良好体验。这在虚拟现实行业中更加重要，因为用户交互是真实世界的反映。

（二）心理学

虚拟现实可能比当今任何技术都更关注人的思想。这为虚拟现实创业者打开了一个新的领域，来审视人类是如何思考的，它很可能是这个行业成功的关键。

（三）沟通

大众很容易被虚拟现实的炒作所影响。但重要的是，大多数对虚拟现实感兴趣的人可能从来不会使用头戴设备。所以，通过交流来表达想法是必不可少的。

（四）实验研究

虚拟现实行业没有固定的成功模式。虚拟现实行业视野开阔，可以尝试实践无数新想法。正因为如此，整个虚拟现实空间就是一个巨大的实验室，虚拟现实创业者可以尝试各种新奇的想法。

（五）节制

虚拟现实正在探索一个全新的世界。但是，这并不意味着虚拟现实创业者一定要把某个东西做得太复杂，因为这会让所有人都难以使用。从技术角度来说，保持产品的简单和不必要是必要的。

（六）远见

构建虚拟世界很容易陷入无底深渊。所以虚拟现实创业者要关注虚拟现实领域的趋势，因为事物总是在变化的。能够稳定地把握虚拟现实行业的形势，灵活地开发自己的产品，是非常重要的。

以上便是虚拟现实创业者的六个重要素质。虚拟现实创业者虽然只是初步进入了虚拟现实行业当中，但是想要在行业内取得更加长远的进步空间，这些素质应该是必不可少的。毫无疑问的是，在这些素质基础上会让自己的创业更加顺利。

参考文献

[1] 王慧萍．虚拟现实设计三维建模 [M]. 厦门大学出版社有限责任公司，2021.06.
[2] 陈超．虚拟现实技术及其在应急管理中的应用 [M]. 武汉：华中科学技术大学出版社，2021.11.
[3] 岳广鹏．人机交互变革时代虚拟现实技术及其应用研究 [M]. 北京：新华出版社，2021.10.
[4] 蔡兰峰．BIM 虚拟现实表现 Lumion 10.0 Twinmotion 2020[M]. 武汉：华中科学技术大学出版社，2021.05.
[5] 李效伟，杨义军．虚拟现实开发入门教程 [M]. 北京：清华大学出版社，2021.04.
[6] 宋磊，李雷，许可．元宇宙时代的虚拟现实 [M]. 中华工商联合出版社有限责任公司，2021.11.
[7] 张丽霞．虚拟现实技术 [M]. 清华大学出版社有限公司，2021.12.
[8] 赵志强，杨欧．Unity 虚拟现实引擎技术 [M]. 北京理工大学出版社有限责任公司，2021.12.
[9] 马雨佳．虚拟现实技术在数字图书馆中的应用 [M]. 长春：吉林人民出版社，2021.10.
[10] 冯开平，罗立宏．高等学校动画与数字媒体专业全媒体创意创新规划教材·虚拟现实技术及应用 [M]. 北京：电子工业出版社，2021.04.
[11] 陈怡怡，徐长存，张乐天．3dsMax 虚拟现实 VR 基础建模 [M]. 南京大学出版社有限公司，2021.05.
[12] 左明章，王继新，杨九．21 世纪高等学校数字媒体专业系列教材·虚拟现实和增强现实技术基础 [M]. 清华大学出版社有限公司，2021.09.
[13] 谭昕．虚拟现实应用设计 [M]. 杭州：中国美术学院出版社，2020.01.
[14] 陈京炜．虚拟现实交互研究 [M]. 北京：中国传媒大学出版社，2020.09.
[15] 汤君友．虚拟现实技术与应用 [M]. 南京：东南大学出版社，2020.08.
[16] 姚寿文，王瑀，姚泽源．虚拟现实辅助机械设计 [M]. 北京：北京理工大学出版社，2020.07.
[17] 胡小强，何玲，祝智颖．虚拟现实技术与应用 [M]. 北京邮电大学出版社有限公司，2020.12.
[18] 田丰，华旻磊．虚拟现实（VR）影像拍摄与制作 [M]. 上海：上海科学技术出版社，2020.04.
[19] 林丽芝，许发见．虚拟现实技术与创新创业训练 [M]. 北京：中国铁道出版社，2020.06.

[20] 丁艳华．虚拟现实艺术形态研究 [M]. 北京：中国财政经济出版社，2020.11.
[21] 倪红彪，侯燕，李卓．虚拟现实技术研究 [M]. 西安：西北工业大学出版社，2020.01.
[22] 刘跃军．虚拟现实应用案例分析 [M]. 北京：中国国际广播出版社，2020.01.
[23] 娄岩．医学虚拟现实与增强现实概论 [M]. 北京：清华大学出版社，2020.09.
[24] 陶文源，翁仲铭，孟昭鹏．虚拟现实概论 [M]. 江苏凤凰科学技术出版社，2019.02.
[25] 薛亮．虚拟现实与媒介的未来 [M]. 光明日报出版社，2019.04.
[26] 魏国平．当代虚拟现实艺术研究 [M]. 北京：现代出版社，2019.06.
[27] 盛斌，鲍健运，连志翔．虚拟现实理论基础与应用开发实践 [M]. 上海：上海交通大学出版社，2019.07.
[28] 郑莉．动漫游戏与虚拟现实的融合创新 [M]. 北京：新华出版社，2019.01.
[29] 娄岩．医学虚拟现实与增强现实 [M]. 武汉：湖北科学技术出版社，2019.07.
[30] 纪元元．虚拟现实环境中情感交互设计研究 [M]. 长春：吉林美术出版社，2019.07.
[31] 刘大琨．虚拟现实与人工智能应用技术融合性研究 [M]. 青岛：中国海洋大学出版社，2019.12.